早安，早餐

Good Morning, Breakfast

喂饱了肚子，
一天都不会太糟

蒋三寻♥著

U0213737

山西出版传媒集团
山西科学技术出版社

起床吃早餐

最近几年，我每天起来做早餐，除了周末偶尔睡个懒觉，其他时候均无例外，而且并不觉得是负担。我会在前一天准备好材料，清晨先把泡好的豆子放进豆浆机，按下豆浆键转身去洗漱，抹完面霜去煎鸡蛋，烤面包，准备配菜，做完这些豆浆也大概好了，选择搭配的餐具，布置桌布和摆盘，不出意外，这时某胖也睡眼惺忪地凑到桌前，伴着晨雾和朝阳，我们在氤氲香气中品食这桌人间烟火。

我从小就爱吃鸡翅，每当我啃得欢实，我妈总会撇撇嘴说，"爱吃鸡翅膀，以后肯定飞得远"，不知是幸还是不幸，这句话还真的言中。我十八岁背起行囊，只身漂泊在千里之外，时光荏苒如白驹过隙，十几载匆匆而过，这听起来似乎有点悲凉，但在大部分日子，尤其是缺心少肺的青涩年纪，我其实是乐在其中。年轻只想着彻夜狂欢，哪里顾得上什么思念，只有等青春散场，心里才空出那么一块，怀揣着这分空落落的不安，才知道什么是乡愁。

乡愁在文人笔下涌出诗篇，当乡愁遇到吃货，便勾起对家乡美食的蚀骨思念。这些年，各地奔走吃了不少美食，对食物我非常包容，从广西的酸臭螺蛳粉到川蜀的麻辣兔头，再到东北的猪肉炖粉条，天南海北的各色美食让我大快朵颐，不亦乐乎。当我走进厨房，信心满满，以为可以做出山河湖海的各色美食，却发现在不经意间，自己所做的一食一蔬，都绕不开儿时的味道，于是，带有北方风味的湘菜，便成了我家的饭菜主调，所幸，我和某胖在饮食上口味一致，试想一下，如果连吃都要彼此将就，那一辈子就太过艰难。

家常美食都很普通，我做的也都是常见的家常菜色，一碗青菜、一锅米粥，吃到肚里都是家的味道。在材料上，我尽量选用当季鲜蔬。顺应节气而生的蔬菜瓜果，不仅口感胜过大棚种植的蔬果，营养上也恰是当下所需，既然自然已经安排好一切，我们何不顺应而为。除此之外，我还会雕琢与美食相关的各种细节，比如餐具的选择，色彩的搭配，材料切片的形状，连泡杯柠檬水也不放松，切片柠檬，泡几叶薄荷，在玻璃杯的方寸间，可以伪装出一个夏天。其实说到底，我只是一个爱吃的瘦子，迷恋所有美好的细节。

美食与美器

食物需要美器，就像女人需要美衣。该用碗的时候用碗，该用盘的时候用盘，无论是质朴的中式面食，还是甜美的西式餐点，都需要用匹配的餐具来呈现。色彩搭配尤为重要，绿色蔬菜配白碟清爽明快，焦黄面包搭青色餐具更为诱人。在食器的形状上，海碗拌面最过瘾，寿司放在长盘上更雅致，做煲仔饭需要备好砂锅才像样。

　　自打开始做饭，我便迷上对各式餐具的收集。不愿费心寻觅，更希望机缘偶遇，看到入眼的随时买下，实体店、网上、旅途中，几年下来收获颇丰，虽然家里只有两个人，我却拥有几柜餐具。餐具用久了便生出感情，我有最爱的青花浅盘，某胖有最爱的日式竹筷，喜欢上某个餐具就像爱上某个人，入眼了就再难放下，每天只想与它耳鬓厮磨。我经常边做饭边琢磨，选出跟这顿饭最搭的碗碟，有时费尽心思做个复杂菜式，只是为了一口许久未用的炖锅，真有种照顾冷落爱妃的温存心态。

　　与餐具相关的一切都是我收集的方向，比如各色桌布。国人少有用桌布的习惯，而布料沾了油腻也确实难洗，但有了美食和美器，没有桌布就太过仓促。桌布就像画卷的底色，揉几条褶皱，设计出一块留白，放上美食美器，一幅活色生香的画卷就跃然纸上，果红蔬绿，只等与你共享唇齿之欢。

摆盘是一种态度

早餐常吃鸡蛋，既是因为营养，也是考虑到摆盘的搭配。八分熟的水煮蛋，七分熟的煎蛋，淌着似流非流的一抹溏心，是鸡蛋最美好的时刻，既是美味，也是餐桌上的视觉焦点。配上红色的烤肠，绿色的蔬菜，再来杯褐色的咖啡，多层次的色彩勾得人嘴角上扬，食欲大增。

摆盘要从挑选食材时开始考虑，色彩、质感、形状都是影响摆盘的要素。在色彩方面，同色系可以堆叠出多层次的美感，红绿搭配令食者胃口大开；而质感上尽量做到接近，软的配软的，硬的配硬的，如果把南瓜和芹菜炒在一起，这软硬搭配就无比奇怪了；形状是考验刀工的时候，黄瓜用在炒饭里要切丁，炒菜切厚片，沙拉切薄片，用作餐盘装饰还可以雕琢出些新花样。

在摆盘风格上，法式摆盘在国内外都享有盛名，点、线、面运用得华美浪漫，但我个人更喜欢日式风格。可能因为同属于亚洲的关系，日式风格质朴考究的调调深得我心。

侥幸有个好身体

我看《红楼梦》甚早，受影响也颇深，小时候竟暗自羡慕那些弱不胜衣的女子。有次课间嬉戏，同桌女生突然一句娇嗔："我吃这个过敏"，她朴实红润的面庞瞬间多了一抹娇贵，引得我艳羡不已，相比之下，常跟男生一起翻墙爬树的自己，壮实得像个粗使丫鬟，真真令我懊恼许久。

长大后，我自然摆脱了这病态的审美，除了感叹健康的可贵，也格外感激它带来的口腹之欢。酸辣粉加醋，牛肉面加辣，吃饺子必啃生蒜，我强大的肠胃固若金汤，让我在美食的世界里所向披靡。最令女生羡慕的还是吃不胖的体质，按我妈的说法，爱操心的人都长不胖，也不知道我究竟操心在哪里，但是经常撑得肚子滚圆，还可以穿下 S 码的人生，常令我心怀感激。

热爱生活的人都格外珍惜自己的生命，试想一下，可以随心所欲周游世界，去法国吃鹅肝，去日本吃寿司，去德国吃汉堡，吃腻了就回家，在巷子口点两碗豆浆，一碗原味，一碗加糖，想喝哪个喝哪个，这种任性的日子换谁都会珍惜。作为一个朝九晚五的上班族，我跟孔方兄交情甚浅，最大资本就是这经得起折腾的好身体，遇到糟心的事，去跑步，去游泳，先出身臭汗，把身体和负能量一起掏空，然后钻进陌巷露天烧烤摊，烤肉啤酒吃个过瘾，最后回家饱饱地睡一觉，所有烦恼便烟消云散。

早餐是个仪式

有天半夜，某胖忽然哭泣，我赶忙摇醒噩梦中的他，问他梦到了什么。某胖犹豫一下，喃喃地说："梦到你死了。"一句话把我感动得差点泪崩，不承想，他又缓缓说出一句："就没人给我做饭了。"我感动的情绪还在沸腾，却听到落叶从身后飘过。虽说他的不舍是千真万确，但女人心眼都不大，白瞎了的感动让我十分不甘，我暗暗寻找报仇的机会。终于，某天深夜我假寐，忽然对着漆黑的空气，轻声说道："这辈子太短。"正在玩手机的某胖一愣，转瞬俯身拥我入怀，我再缓缓说出下句："我的脚都露出来了。"这句从网上学来的段子给了他精彩的反击，现在想想还觉得暗爽。

生活中太多这样的小乐趣，小到经常过完就忘，却带来真实的欢乐。我发现，想快乐首先要放下戒备的心，试着拉低年龄更能发现生活的可爱。我和某胖正值而立之年，白天也是人模人样，但一回家就变成学龄前儿童，撒娇、耍赖、胡闹，无保留地释放自己，彼此童心是我们的相处之道，而在家做饭，也是众多乐趣之一。

我也曾深思，为何吃喝成了我家的主旋律，思虑许久终得根源：其一，我有轻度强迫症，看到复杂的菜谱内心便病态地兴奋，手痒得不能自已，导致深陷烹饪无法自拔；其二，某胖是资深吃货，贪图享乐的懒癌晚期，最可怕的是人懒嘴甜。就这样，我们凑成一对，一个在锅碗瓢盆里醉心于钻研之乐，一个嘴上抹蜜为每天有各色美食而窃喜不已，然后，家里最大的事变成了做饭和吃饭。

在美食里，早餐更像个仪式，不论自己动手做还是叫外卖，看着窗外车水马龙，在晨曦里大嚼大咽，你会发现，生活中大部分的悲伤与失落都是不必要的，可能只是没吃饱而引起的不良反应。赶紧起床吃早餐，喂饱了肠胃和心灵，一天都不会太糟。

目录 CONTENTS

 Chapter 1　早餐是旧时光在心里的味道 /01

早安早餐

Chapter 2　浪漫西式早餐，让日子闪闪发光 /39

早安早餐

 Chapter 3 质朴的食材让早餐平凡而美好 /77

早 安 早 餐

 Chapter 4　温暖相伴，治愈孤独的早餐 /117

早安早餐

味蕾有着顽固的记忆，故乡的味道深入骨髓，但我们注定一直向前，挥别回不去的旧时光，珍藏童年的点滴，成为心里最美的思念。

　　那时候的早餐桌上没有三明治和热狗，妈妈的蒸蛋、爸爸的炸酱面、奶奶的烤梨、街角的豆腐脑，都是我流连于心的美味。

　　随着我们长大，世界也在不断变化，可选择的美食越来越多，而那些停留在我们记忆中的味道，虽不惊艳，却温暖了我们整个童年，给了我们勇敢前行的力量。

Chapter 1

早餐是旧时光在心里的味道

食材小 Tips

鸡蛋液过滤和用保鲜膜
封口都是蒸蛋平整顺滑
的关键。

虾 仁 蒸 蛋

　　在我老家，鸡蛋羹被叫作鸡蛋膏，无油少盐，软滑爽口，是孩子最常吃的辅食，也是我最怀念的儿时味道。鸡蛋羹虽鲜美，但不够饱肚，很难成为主食，不过绝对是三餐之外垫补五脏庙的首选。没到饭点，肚子有点寂寞，嘴巴也很孤单，麻利地蒸一碗鸡蛋羹，肚子、嘴巴全慰劳得服服帖帖的，连整个心都一起滋润了。

　　长大后我依然超爱吃鸡蛋羹，并且开始尝试做出更多花样，香菇蒸蛋、肉末蒸蛋，最喜欢的还是虾仁蒸蛋。鲜虾剥壳去线，加盐和料酒腌制一下，先把蛋蒸到八分熟，再把腌过的虾子摆在蒸蛋上，小火蒸几分钟即可。调料要加蒸鱼豉油和麻油，才能最大限度勾出虾子的鲜甜，最后撒点葱花，也是不错的选择。在食材中，鸡蛋有着强大的包容力，和各种食材混搭后都给人惊喜，这也是我格外爱它的原因。

🍴 做法

食材：（一人份）

鸡蛋　2颗
虾仁　5只

〜〜〜〜〜〜〜〜〜〜

调料：

盐　适量
胡椒粉　适量
香油　适量
生抽　适量

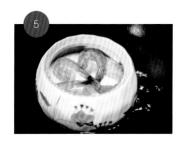

1. 把虾仁剥壳去线，用盐和胡椒粉腌制5分钟；
2. 鸡蛋打入碗中，加温水搅拌均匀，加适量盐，把鸡蛋液过滤后倒入蒸碗中；
3. 蒸碗口包上保鲜膜，让蒸碗保持密闭状态；
4. 锅中放冷水，蒸碗放入后中火加热10分钟，蛋液成半凝固状态；
5. 打开保鲜膜把虾仁放进去，再蒸8分钟，出锅淋上生抽和香油即可。

食材：（两人份）

①大骨高汤

猪大骨　适量

姜块　20g

清水　适量

盐　适量

....

②内酯豆腐

黄豆　50g

清水　500g

内酯　2g

温水　15ml

早　安，　早　餐

大骨汤豆腐脑

　　我年少时缺心少肺，漂泊在外从不感觉孤苦，倒有雀鸟归林的自在感，味蕾也格外包容，对异乡美食全部来者不拒。倒是近些年，年纪渐长，我开始为家人准备饭菜，才发现食物是有记忆的，口味上的偏好已经深入骨髓。

　　在南方，豆腐脑的吃法不同于北方，是撒白糖吃的，为了吃一口家乡的咸豆腐脑，我也是挺拼的，先花两个小时熬制大骨高汤，再泡黄豆、打豆浆，最后小火煮沸加入内酯，历经烦琐终得一碗北方大骨汤豆腐脑。因为颇费精力我吃得格外珍惜，先小心喝上一口，让鲜美的高汤滋润喉咙，再吃一勺豆腐，感受豆腐的顺滑鲜香，最后把油条撕成小块泡满汤汁，口感外脆内软，油香和汤汁在口中缠绵翻滚，让人沉浸在豆腐脑带来的咸鲜世界里。许久思念后的这碗家乡味道，让我妄自断言，大骨汤豆腐脑是大豆做出来的最美好的食物。

做法 -

首先做大骨高汤

 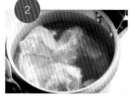 

① 选择新鲜的猪大骨洗净切成大段,把姜块切片;

② 把切好的猪大骨和姜片放到压力锅里,放适量盐,大火上气后用小火炖两小时;

③ 打开压力锅,大骨高汤呈白色就可以了。

然后做内酯豆腐

① 黄豆浸泡清水中8小时以上,把黄豆彻底泡发;

② 黄豆和清水按照 1 : 10 的比例放入豆浆机中,用果汁功能打两遍;

③ 用棉布过滤掉豆浆的渣子,沥出豆浆备用;

④ 豆浆倒入奶锅里,用小火边煮边搅拌,豆浆轻微翻滚后把上面白沫撇掉;

⑤ 利用煮豆浆的间隙,把2g内酯加入15ml温水化开成内酯水;

⑥ 豆浆离火,静置降温几分钟,把内酯水加入豆浆中搅拌均匀,盖上锅盖保温静置,中途不要掀盖子,大概20分钟后内酯豆腐就完成了。

最后做大骨汤豆腐脑

① 碗底放适量盐、鸡精、酱油;

② 用一瓢大骨高汤把底料化开;

③ 用铁勺挖豆腐脑;

④ 把豆腐脑放入调好的大骨高汤中,根据口味加葱花、香菜、榨菜。

放 心 油 条

　　油条外壳酥脆，内里柔软，几十年不变的油香里有股旧时光的味道。我小时候吃油条喜欢揪成一截一截的，用手按扁泡在豆浆里，看着油条咕嘟出气泡，在豆浆里翻滚着膨胀，心里有种别样的满足感。我一直以为这是自己独特的小癖好，后来才发现和我一样的同类甚多，而且大家都懂一点：浸泡时间非常关键。时间过长油条会软烂失去口感，时间过短又不能很好地吸饱豆浆，为了有一口恰到好处的感觉，我也是摸索许久才成。以前我的口味偏淡，看到有人吃油条还要挑根榨菜在口里，总是心生鄙夷，暗想：真是破坏了那口美妙！而如今，湖湘大地让我口味大变，吃油条的时候也爱蘸点辣酱，再加上满口的汤汁，油条偶尔还能吃出涮火锅的味道。

　　油条好吃，但不论如何烹饪，还是油脂过高，偶尔吃吃尚可，决不可贪嘴，也正是这偶尔偷得的一口，让那分酥脆更加诱人。

食材：（两人份）

高筋面粉　250g

小苏打　3g

无铝泡打粉　4g

鸡蛋　1颗

清水　80ml

辅料：

盐　8g

植物油　8g

🍴 做法

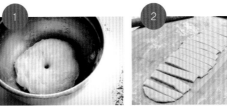
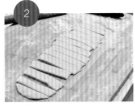
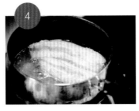

1　把所有原料混合揉成面团，在常温下静置 30 分钟，然后放入冰箱冷藏松弛过夜；

2　把面团擀成厚 3mm 椭圆面皮，然后切成大概 15cm×3cm 长片，因为入锅后油条大概膨胀一倍，注意不要太长，否则锅会放不下；

3　把两条面片放在一起，用一根筷子从中间压实；

4　炸锅里放足量的油，大火加热到有轻微油烟，捏住油条的两头稍微拉一下，把两头捏紧防止松开，放入油锅中炸，油条要瞬间浮起来才说明发面和油量没问题，一定要不停翻面，才能让油条快速膨胀，并且防止炸焦；

5　油条炸至金黄捞出，沥干油就完成了，炸好的油条外面酥脆，里面蓬松有大孔，咬一口香脆可口。

食材：（两人份）

普通面粉　200g

清水　120ml

鸡蛋　3颗

生菜　1棵

火腿肠　3根

调料：

甜面酱　适量

盐　4g

鸡 蛋 灌 饼

　　我吃东西从不挑环境，越是陋巷越有寻觅的热情，有些美食就像武侠世界的隐匿侠客，毫不起眼的扫地僧才是整部剧中的至尊高手。

　　在街边美食中，学校附近的美食最值得一试。也不是学生口味挑剔，而是学区小吃密集，因此竞争异常激烈，学生们口口相传甚快，若不在口味和价格上皆具竞争力，怕是连一个学期都难挨。有空的日子，我喜欢带某胖去我母校觅食，揣上张百元大钞就能吃出土豪的霸气，有时老板脱口而出的一句"同学"，更是让我这个黄脸妇人虚荣心爆棚。鸡蛋灌饼是读书时爱上的小吃，在寒风凛冽的冬天，热腾腾地捧在手里，一口接一口地吃完，口腹过瘾，肠胃满足，冻僵的手指也渐渐复苏，这分由手至心的温暖，足以抵御世上所有严寒。

 ## 做法

① 先将水加盐溶解成盐水，分次倒入面粉中，边倒水边和面，揉成光滑面团，静置20分钟后，分成3个小面团；

② 将小面团擀成3mm厚的长条状，面皮表面抹薄薄一层植物油；

③ 把面皮从一端卷到另一端，封口处捏紧；

④ 卷紧后的面团竖起来，手掌从上往下按平；

⑤ 擀成3mm厚的面饼；

⑥ 把平底煎锅烧热后倒少量油，放入薄饼，用中小火烙制；

⑦ 当饼中间鼓起来时，用筷子将鼓起部位的边缘扎破，形成一个小口，打匀的鸡蛋液灌入，然后翻面，烙至两面金黄盛出；

⑧ 抹一些稀释后的甜面酱，再加上生菜叶、火腿肠，对折起来即可。

家 常 酱 香 饼

　　因为常做面食，我的和面技能"点数满格"，有时发发狠，连面包都能手工出模。

　　有段日子，土家饼突然火爆，一时间"中国人的比萨"口号遍布全国，似乎想用热血爱国的幌子俘获人心，它的商业策略我不关心，单说味道确实很合我意。口感劲道还有烤饼的焦香，酱料十足，香味浓郁，非要说点不足，就是油水略重，吃多了腻得脑仁不爽快。可惜它一夜兴起，又转瞬不见，现在街上再难觅到。

　　还好我有厨房，像术士的炼金工坊，可以练就世上所有美味。家常酱香饼从做法到口感和土家饼都十分相似，其中酱料是好味的关键，豆瓣酱、甜面酱、蒜蓉酱都可以尝试，还可以加肉丁爆炒，搭配比例完全看自己口味。经过几次尝试，我最喜欢用牛肉拌饭酱，辣油充足，咸度适中，偶尔还能吃到大块肉粒，有中奖般的小惊喜。

食材：（两人份）

普通面粉　150g

清水　80ml

〰〰〰〰〰〰〰〰〰

调料

牛肉拌饭酱　适量

葱花　适量

花椒粉　适量

芝麻　适量

食用油　适量

 做法 -

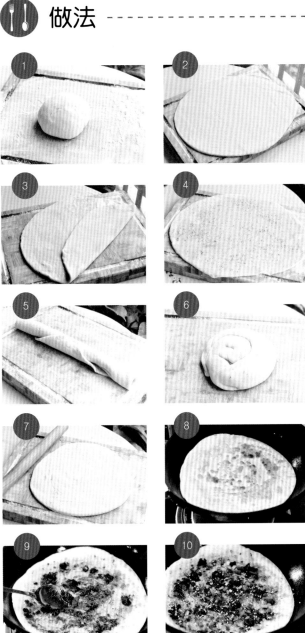

1. 把清水分次倒入面粉中，边倒水边和面，
   揉成光滑面团，静置20分钟；

2. 手揉面团5分钟，然后擀成大面皮；

3. 面皮上淋少许食用油，捏着四个角向中
   央蘸几下，让油均匀分布于面皮上；

4. 在面皮上均匀撒上花椒粉；

5. 把面皮从一头卷起来；

6. 卷好的面皮盘旋状卷起来，用手压扁；

7. 把压好的面皮擀成薄饼；

8. 平底煎锅预热，锅里放入少许油，小火
   慢煎，饼烙至两面金黄；

9. 把牛肉拌饭酱均匀抹在饼的表面；

10. 撒上一些熟芝麻和葱花，就可以出锅啦。

煎 饼 果 子

　　小时候，巷子口满是小吃摊，天蒙蒙亮就一片炊烟袅袅。那时，煎饼果子还没太多选择，面糊只有玉米杂粮面，裹的也仅有油条，北方叫作果子，至于薄脆是很多年之后才出现的。煎饼摊老板都身手矫健，摊面饼，打鸡蛋，裹油条，只见到双手舞动，锅铲变换，流畅得似美食乐章，食客的视线随着节奏摇摆，起落。抹上甜面酱，撒葱花、香菜，不出两分钟，焦香四溢的煎饼果子就递到你手里。小时候活得糙，经常左手端着煎饼，右手握着车把，边啃边狂蹬去学校了。

　　长大后去过很多地方，见识到各式各样的煎饼果子，有的还裹香肠、生菜、肉松，但家乡的味道却不易得。一时冲动，我购置了全套煎饼套具，寻着回忆做了起来，味道竟也像了八分，某胖也逗趣说，你周末可以去摆摊了。

做法

1　所有食材合影，这大概是做两个煎饼果子的量；

2　先把面粉和玉米粉充分混合，加适量清水调成面糊，面糊的稠度要像浆糊的状态；

3　我买了煎饼专用的锅，用平底煎锅也可，先中火加热，再用刷子均匀抹少量植物油；

4　舀一勺面糊在煎锅中间，用竹蜻蜓抹开，成一个均匀面饼；

5　打一个鸡蛋在面饼中间；

6　用竹蜻蜓把鸡蛋打散，均匀摊在面饼上，然后撒葱花和熟芝麻，就可以关火了；

7　用锅铲把面饼边缘铲分离，双手捏住面饼边缘，把面饼翻过来，抹甜面酱，加油条；

8　像叠被子的方法，把油条卷起来；

9　卷好的油条对折，热乎乎地开吃吧。

韭 菜 盒 子

　　我从小贪嘴，有次吃多了韭菜导致烧心，折腾得一夜未睡。从此，对韭菜心存戒心，像烤韭菜、凉拌韭菜这种扎实的做法断不敢尝试，但对韭菜饺子、韭菜盒子，还是心存侥幸，经常要过过嘴瘾。

　　对于季节蔬菜，我并非是对暖棚心怀偏见，而是更爱那生长于沃土之上，经过风雨洗礼的本季时蔬，而韭菜，还是春天那茬最过瘾。春天的韭菜鲜美茁壮，像是强忍了一个冬天的期待，只等着春风恣意绽放，鲜美的味道挑动食欲，跟猪肉、鸡蛋都是绝搭，包饺子、蒸包子放上一小撮，就是最简单的提鲜秘籍。我做韭菜盒子馅料丰富，猪肉、鸡蛋、虾皮、粉丝，皮薄馅大才是家里的做法，鼓鼓的馅料加上漂亮的锁边，包好放一排格外喜人。韭菜盒子是直接把生皮烙至焦黄，这样做出的面皮焦酥，肉馅鲜嫩，咬一口鲜得流汁，如果要给韭菜评个最佳做法，韭菜盒子当仁不让。

食材：（两人份）		调料：
中筋面粉　150g	韭菜　60g	盐　4g
清水　50ml	粉丝　30g	植物油　适量
鸡蛋　1颗	虾皮　10g	
猪肉　150g		

做法

① 把清水分次倒入面粉中，边倒水边和面，揉成光滑面团，静置20分钟，因为馅料里含水，面团揉得稍微干一点较好；

② 饧面的时间来做馅吧，干粉丝在温水中泡软；

③ 把鸡蛋打散，用大火翻炒成鸡蛋碎，盛出备用；

④ 用锅底剩下的油爆香虾皮，焦黄后盛出备用；

⑤ 把韭菜择洗干净，切成韭菜碎；

⑥ 把猪肉洗净切块，用料理机打成肉馅；

⑦ 泡软后的粉丝捞出沥干水分，剁碎备用；

⑧ 将所有材料混合，加适量盐，用筷子向一个方向搅拌均匀，至轻微黏稠后备用；

⑨ 面团饧好后，压出气泡揉到光滑，把面团均匀分成几等份，30g左右一个比较合适；

⑩ 取一份擀成面皮，馅料放在面皮中间；

⑪ 两面对折，锁出漂亮的边；

⑫ 平底锅预热后放少量油，让油把锅底覆盖住，然后把韭菜盒子放入锅中，用小火烙至两面金黄即可。

食材小 Tips

腊肉酱汁要用肥瘦
相间的猪肉，带皮
猪肘也非常合适。

早 安 ， 早 餐

腊 汁 白 吉 馍

  有次去西安出差，在网上搜索到附近一家白吉馍老店，满心期待赶到店里，看到小店被食客挤得满满，听着满耳嘈杂的本地口音甚得意，一看就是家地道老馆子。我排了许久的队，点了几个白吉馍，最后加了一句："放点青辣椒！"服务员鄙夷地瞥我一眼："没有！"我瞬间醒悟，原来加青辣椒之类是外地人的旁门左道。

  口味大于天，不管是否地道，酥烂的肉里混些青辣椒，才是我最爱的味道。如果你会和面，做白吉馍就是分分钟的事。肥瘦得当的带皮大肘子，加上姜块、大料，慢火炖上两个小时。趁着炖肉间隙做些发面烧饼，等肉炖到软烂，把它捞出剁个稀烂，随心所欲加些辣椒、香菜，怕吃不饱的还可以夹个卤蛋，最后浇上一勺肉汁，肥肉不腻，瘦肉不柴，这入口即化的醇香让人在大嚼大咽中忘记飙升的体重。

腊肉酱汁：			白吉馍：
五花肉 500g	香叶 2片	盐 适量	中筋面粉 250g
姜块 3块	桂皮 3根	冰糖 适量	酵母粉 2g
花椒 5g	草果 2颗	老抽 适量	温水 120ml
八角 3颗			

做法

① 把带皮五花肉泡入清水中两小时泡出血丝，中途要换几次水，再把所有调料用布包包好；

② 五花肉和料包放入高压锅，加姜片、盐、老抽、冰糖，大火上气后转小火炖两小时；

③ 肉皮炖至软烂，和汤汁一起倒出来备用，在冰箱冷藏一晚味道会更好；

④ 面粉加酵母、盐混合均匀后，边加温水边和面，成面团后静置发酵1小时；

⑤ 发酵好的面团分成多份（60g每份），表面刷少许油松弛15分钟；

⑥ 将松弛好的面团搓成长条，用擀面杖擀开，对折；

⑦ 把对折的面皮从一侧卷起，将收尾压在下面，制成饼坯；

⑧ 饼坯静置松弛10分钟后，擀成面饼；

⑨ 平底锅烧热，不放油，小火烙饼，两面各烙两分钟，饼坯略变色即可；

⑩ 烙好的烧饼放入烤箱中，180℃烤10分钟左右取出；

⑪ 取出适量五花肉剁碎，建议再加些青椒碎，口感不会那么腻；

⑫ 把烤好的面饼剖开，放入剁好的肉碎，完成。

饼坯：	芝麻馅：	表皮装饰：
中筋面粉（即普通面粉）200g	芝麻酱 50g	熟芝麻 20g
清水 110ml	香油 10g	蜂蜜 8ml
干酵母 2g	盐 2g	清水 8ml
盐 2g	花椒粉 适量	

麻 酱 芝 麻 饼

一直觉得小时候的自己乖巧懂事，证据就是我常在厨房帮忙，包饺子的时候擀皮，炒菜的时候剥蒜，但我妈却不以为然，说："你那是嘴馋，闻到香味就过来了。"真相无从考证，但每次拌芝麻酱我确实都抢着做。芝麻酱开盖就有股浓香，边加清水边搅拌，芝麻香味缓缓散开，这愈渐浓郁的香味让整个搅拌过程非常满足，就算手腕酸麻也乐在其中。因为钟爱芝麻酱，以至于和它相关的食物我都很爱，做什么主要看时间，忙的时候做麻酱拌面，闲了就做麻酱饼。

好吃的烧饼，必定是刚出炉的。热气腾腾地捧在手里，趁着微烫掰开，热气散开后是令人心安的柔软，内层绵软咸香，脆皮酥脆掉渣，奋力咬下一海口，沉醉于满嘴浓香的我，已经顾不上芝麻碎满地。

 做法

① 把干酵母、盐加入面粉中混合，清水分多次倒入面粉中，边倒水边和面，揉成光滑面团，静置20分钟；

② 把芝麻酱、香油、盐、花椒粉混合拌匀成麻酱馅，芝麻酱作为馅料可以不加清水调制；

③ 把面团擀开成为圆形的薄面饼，尽量薄一些大一些，把拌好的麻酱馅倒在面团上，用勺子刮开，让麻酱馅均匀地涂抹在面饼上；

④ 把面团的一头卷起来，尽量卷紧一些，多卷几圈，卷的圈数越多做出的烧饼层数就越多，卷好后将两头收口处捏紧；

⑤ 将卷好的面团均匀切成6份，用手把面团的两头截面捏拢，使麻酱馅不露在外面，然后静置松弛15分钟；

⑥ 将面团竖着放在操作台上，用手掌把它压扁，用擀面杖擀成圆饼状；

⑦ 蜂蜜加入清水中拌匀成蜂蜜水，用刷子蘸蜂蜜水在圆饼表面刷上薄薄一层；

⑧ 将刷了蜂蜜水的一面在芝麻里压一下，使面团表面沾满芝麻，面饼放入预热好上下火180℃的烤箱，烤18-20分钟，表面变黄即可出炉。

食材：（两人份）　　辅料：　　　　调料：

西红柿　1个　　　香葱　2根　　　盐　适量

鸡蛋　2颗　　　　蒜瓣　2瓣　　　胡椒粉　适量

面粉　150g　　　　　　　　　　　香油　适量

西红柿鸡蛋疙瘩汤

以前北方有储藏西红柿的习惯，先把玻璃瓶煮沸消毒，再把西红柿切成小块塞进去密封，吃的时候只要拆开封口倒出来即可，虽然成了半果酱形态，但口感依旧，而且可以保存整个冬季。小时候我妈常做疙瘩汤，夏天用新鲜西红柿，冬天就用自家做的西红柿酱，食材简单易得，味道酸甜可口，是暖身又饱肚的家常美食。

西红柿和鸡蛋是个经典搭配，跟任何主食都搭，打卤面、炒饭、炒馒头，还有疙瘩汤。在北方，饭店里也有疙瘩汤的身影，一席肥肉厚酒过后，来碗热乎乎的疙瘩汤，把之前的冷热荤素在胃里顺个服服帖帖，吃完出身薄汗，从头到脚都舒服了。在家里，疙瘩汤属于治愈系美食，谁有个头疼脑热，要禁油腻，忌过饱，白米粥或疙瘩汤算是病号饭，都是易消化无负担的食材，吃个汤饱又畅快，睡一觉醒来病痛全无。

 ## 做法

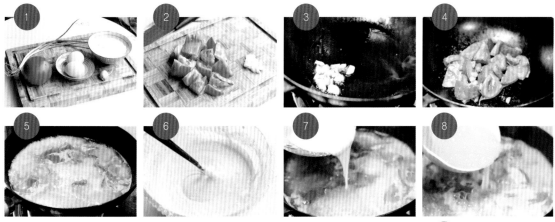

1. 所有食材合影，两人份所需食材不多；
2. 把西红柿洗净切成小块，把蒜瓣切碎，备用；
3. 炒锅烧热放少量油，大火放入蒜瓣爆香；
4. 加入西红柿块翻炒，炒至西红柿绵软出汁，加盐和胡椒粉；
5. 锅中加材料 3~4 倍清水，中火烧开；
6. 面粉加清水调成面糊，浆糊稠度就可以了；
7. 面糊均匀倒进锅中，边倒边用筷子搅拌，成均匀面疙瘩；
8. 鸡蛋打碎成鸡蛋液，均匀倒入锅中；
9. 等面疙瘩煮熟，蛋花浮起，淋几滴香油，撒一把葱花出锅。

香菇鸡肉红油馄饨

　　馄饨是常见的街头美食，皮薄、肉嫩、汤鲜才是一碗好馄饨。

　　大学时候，学校后巷有家不起眼的路边摊，夫妻俩卖一种很小的馄饨。没有门面，是用防雨布遮出来的简陋大棚，一口翻滚的烧锅，几把破旧的桌椅就是小店的全部。馄饨馅是猪肉虾仁，个头小巧，口感劲道，汤头清澈，零星有些紫菜和虾皮，清淡但不寡淡。多年后回校溜达，意外发现小店还在，馄饨一如既往地鲜美弹牙，喝口热汤，回忆和当下重叠，匆匆岁月似乎在此定格。

　　当吃货萌生减肥的心，必会在食材上做文章。鸡肉是利于减肥的食材，和蘑菇调成肉馅后鲜得淌汁，嘴巴和身材难得能够双全。家常馄饨没准备高汤也不打紧，一瓢娇艳的辣椒油红汤，咸、鲜、辣一应俱全，吃碗热气腾腾的红油馄饨，任额头渗出一层汗，身心爽快，还意犹未尽。

食材：

①馄饨馅：

鸡胸肉　250g

茶树菇　200g

盐　适量

生抽　适量

料酒　适量

胡椒粉　适量

②红油：

植物油　100g

花椒　10g

豆瓣酱　30g

做法

先做馄饨

  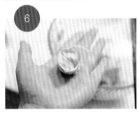

1　食材合影，茶树菇也可用香菇代替；

2　把鸡肉剁成肉泥，茶树菇洗净、切碎；

3　把鸡肉泥与茶树菇碎混合，加盐、生抽、料酒、胡椒粉，一个方向搅拌到变黏稠；

4　将肉馅放馄饨皮中间，三边抹水；

5　先对折，捏紧面皮边角；

6　下方两个角点水，捏合起来；

7　捏好的馄饨可以稳稳地排排站。

再做红油底

1　做红油的食材有：油、花椒、豆瓣酱；

2　炒锅放适量油烧热，先放花椒翻炒出香味，再放两勺
　　豆瓣酱炒香，最后滤除渣子，红油倒出来备用。

最后煮馄饨

将馄饨煮熟捞出，淋上
红油即可，还可以根据
个人口味加花生碎或
芝麻。

豆 角 焖 面

　　我爸最擅长做焖饼丝，肉丝和包菜炒熟和饼丝混合出的油香，每次我都要吃得肚皮溜圆才肯作罢。在南方，饼丝并不常见，我便移情到了焖面。

　　焖面是地道的北方主食，是利用水蒸气将面条和菜码焖熟，这种做法面条更加筋韧，豆角脆嫩，肉香味浓，极受北方人喜爱。面条要用劲道的新鲜面条，才有足够韧性吸饱汤汁，而且绝对不能提前蒸煮，那样面条易烂在锅里。面条出锅的软硬程度由水量决定，可以由着自己的喜好。焖面做好，掀开锅盖那一瞬间最美妙，香浓锅气翻滚，焖好的面条，每一根都浸满了汤汁，色泽红润，香气扑鼻，出锅前务必要丢一把蒜末，有画龙点睛的妙用。

食材：（两人份）	辅料：	调料：	
鲜面条 两人份	大蒜 2瓣	盐 适量	料酒 适量
豆角 100g		白糖 适量	植物油 适量
猪肉 80g		生抽 适量	

🍴 做法 -

1. 把猪肉切丝，用盐、料酒、生抽腌制 5 分钟；

2. 豆角洗净去筋，掰成 5cm 左右的小段；

3. 多切一些蒜末，一部分炝锅，一部分最后出锅时提味；

4. 中火放油，把肉丝煸炒至变色，盛出备用；

5. 用锅里的剩油爆香蒜末，放豆角翻炒至表面发皱；

6. 加入肉丝，加酱油、盐、白糖一起翻炒，然后倒入没过豆角肉的清水；

7. 待清水煮沸，将面条平铺进锅里，加盖小火焖两分钟；

8. 开盖用筷子搅拌，让面条充分与汤汁混合，然后加盖小火焖至水分收干，撒剩余的蒜末，拌均匀出锅。

食材：（两人份）

大米　80g

清水　400ml

皮蛋　1 颗

猪里脊　40g

配料：

生姜　8g

葱花　5g

调料：

鸡精　适量

胡椒粉　适量

盐　适量

皮蛋瘦肉粥

　　好粥都落于陋巷,有些小店连名字都没有,做出的东西却好吃得令人惊讶。我和皮蛋瘦肉粥的结缘始于某夜宵摊,当初选择那家仅仅是因为隔壁店已经爆满,点烧烤的同时又无意间点的一碗皮蛋瘦肉粥,味道却点亮了整个餐桌。从此我养成习惯,每次吃烧烤必来一碗,这样才感觉这餐圆满。

　　广东人喜欢把粥煮到烂熟,皮蛋瘦肉粥作为典型的粤式粥品,口感软糯爽滑,老少皆宜。而皮蛋是皮蛋瘦肉粥里的灵魂,皮蛋的鲜滑香浓,我曾以为没人能够拒绝。万万没想到,皮蛋竟被美国 CNN 评为全球最恶心食物之首,还被形容为"恶魔煮的蛋"。看到新闻我不禁暗笑,国人在美食上的包容和想象力已超出美国人的理解范围,也不禁遗憾,不能体会无国界美食的人生总不够完整。

 做法

1　将大米放入碗中浸泡 30 分钟,泡过的大米洗净沥去水后倒入电饭锅中,加入大米 5 倍清水煮饭 30 分钟;

2　在煮饭的同时开始准备瘦肉和皮蛋吧,瘦肉洗干净切成肉丝,放入适量盐,腌制 10 分钟;

3　把皮蛋剥皮,切成小丁,刀上抹油可以防止皮蛋粘连;

4　把葱切成葱花,姜块切丝,备用;

5　把清水煮沸,下肉丝煮变色,捞出备用;

6　打开电饭锅,确定大米煮熟后,放入肉丝、姜丝、皮蛋煮 5 分钟;

7　再加适量盐、鸡精、胡椒粉煮两分钟,撒葱花完成;

8　出锅趁热吃,醇香咸鲜。

食材小 Tips

其中肉丝焯烫去腥的步骤非常重要,不要偷懒直接将生肉放入粥里,做出来味道会略胜一筹。

家 常 炸 酱 面

　　北京人吃东西讲究，不管是用料还是做法，自有一套规矩，老北京炸酱面就是其中代表。这听起来很寻常的草根美食，真正地讲究起来市井人家无法驾驭。

　　手擀面的面条筋道有嚼劲才过瘾，炸酱面讲究冬天吃热面，夏天吃冷面，这才够应景。然后是浇头，炸酱面常用猪肉丁，猪肉要肥瘦得当，切得恰到好处，先煸炒再加小葱炒香，最后用黄豆酱熬制。据说，讲究起来连黄豆酱用什么牌子都要挑剔。最后，根据季节配上时令小菜，完整的一套"全码儿"下来，小菜碟子能摆半张桌，吃着爽口，看这排场，不管是自家吃还是招待客人都很拿得出手。

　　夏天吃冷面是最过瘾的。大热天我爸最喜欢做炸酱面，不仅味道好速度也是惊人地快，买把面条，切块猪肉，煮面和肉酱一并下手，再切个黄瓜丝，一顿饭麻利地做好。我时常凑到厨房去巴望，看着炒锅里的炸酱沸腾着吐泡，馋得我口水涟涟。

　　爸爸会把煮好的面条捞出来，让我用冷水过一遍。过足冷水的面条爽口劲道，混着肉酱嘬上一口，油肉香浓在舌尖翻滚，再嚼上一筷子黄瓜丝，又是一口清爽。

　　吃个肚滚溜圆，一定来碗温热的面汤，"原汤化原食"才叫圆满。

食材：（两人份）

面粉　200g

清水　80ml

五花肉　150g

辅料：

小葱　一把

调料：

姜块　10g

八角　5g

花椒　5g

黄酱或豆瓣酱　适量

盐　适量

植物油　适量

 做法 ---

1. 先来做手擀面，面粉加少许盐，边加清水边搅拌，然后揉成一个稍硬点的面团，盖上湿布饧 20 分钟；

2. 饧面的时间来做炸酱卤，选择肥瘦相间的五花肉切成 1cm 见方小块；

3. 炒锅放适量油，中火烧热以后放入姜块、八角、花椒炒香，然后沥出，这一步是为了萃取香料味道，让炸酱香味更有层次；

4. 把切好的肉丁放入油锅中，用小火煸炒至出油，然后放入葱花炒香；

5. 黄豆酱加适量水稀释后倒入肉丁中，再加适量清水没过肉丁，喜欢甜口的可加适量冰糖，然后用小火熬煮 15 分钟，隔一会儿沿一个方向搅动均匀，防止粘锅；

6. 饧好的面团擀成薄饼，折叠后用刀切成均匀面条；

7. 手擀面煮好捞出沥水，天热的时候建议过冷水，浇上炸酱卤，放上时令蔬菜，比如黄瓜丝、豆芽、水萝卜丝等。

食材小 Tips

如果没有做手擀面，就尽量买宽一些的面条，有嚼劲比较好吃。

麻酱鸡丝荞麦面

　　我妈爱吃饸饹，这本是道传统的北方小吃，却曾在城市几近消失，值得庆幸的是，这几年似乎又有兴起之势。饸饹是将荞麦面和杂豆面混合，口感粗糙，小时的我并不喜欢，但对做饸饹工具颇感兴趣。饸饹床像个单边跷跷板，是用杠杆原理将面团压成荞麦面条。只见一人把和好的面团塞进空腔里，另一个人抬起一只腿坐在木柄上，随着"吱呀呀"的挤压声，饸饹面掉入煮沸的锅里，这起起落落的表演让我看得入迷，总要我妈拽着才肯走开。

　　长大后我才懂得饸饹的美妙。粗糙的面条滑过喉咙，一阵子麦香格外清爽，这都不是精米白面能比的。南方没有饸饹，好在还有荞麦面，虽不如饸饹粗糙，但也满口清爽杂粮香。不知谁说过一句，"夏天就是吃荞麦冷面的季节"，对此我举双手赞成，炎炎夏日，味蕾都困顿不堪，来碗清爽的麻酱鸡丝荞麦面，身心都醒了过来。

 ## 做法

食材：（两人份）

荞麦面　两人份

鸡丝　30g

黄瓜　1/2

辅料：

小辣椒　3瓣

大蒜　3瓣

调料：

芝麻酱　40g

盐　适量

① 食材合影，把鸡胸肉加八角、花椒、生姜煮熟，晾凉后手撕成细丝；

② 把黄瓜切丝，小辣椒切丝，大蒜切成碎，芝麻酱边加水边搅拌，拌成黏稠状后加一点盐拌匀；

③ 荞麦面煮熟，泡冰水里可以让面条冰凉还不会粘住；

④ 荞麦面沥过水后盖上所有码子；

⑤ 搅拌均匀即成。

西红柿鸡蛋打卤面

　　我酷爱面食,爱它所呈现出的一切形态,其中尤以面条为佳。我妈喜欢做手擀面,好处是可以自由控制面条的宽窄和口感,捞面宽窄适中,口感爽利劲道;汤面多是宽条,松散软糯才好吃。在耳濡目染中我也成了手擀面的忠实拥护者。

　　面条的菜码很多,西红柿炒鸡蛋打卤面尤其不能错过。西红柿炒蛋色泽鲜艳,爽口开胃,打卤主要体现在最后的炖煮上。鸡蛋和西红柿翻炒入味后,加一小碗清水,小火煮 3 分钟,卤汁的汤汁要足,最后一定要撒葱花或香菜,才算作料齐全。

食材：（两人份）

面条　两人份

鸡蛋　2个

番茄　2个

辅料：

大蒜　2瓣

小葱　2根

调料：

盐　适量

糖　适量

生抽　适量

老抽　适量

植物油　适量

食材小 Tips

生抽是为了调味,老抽是为了增色,可随自己喜欢增减。

做法

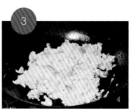

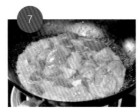

① 食材合影;

② 面条煮熟后过冷水,捞出备用;

③ 两个鸡蛋打散,炒锅放适量油,大火炒成鸡蛋块,盛出备用;

④ 番茄切成小块,大蒜切成碎;

⑤ 炒锅放少量油,大火爆香大蒜碎;

⑥ 然后放入番茄块,中火翻炒至出汁;

⑦ 倒入一小碗清水,加适量糖炖煮两分钟;

⑧ 加入鸡蛋块,适量盐和生抽、老抽,翻炒均匀后关火,撒葱花出锅;

⑨ 把西红柿鸡蛋卤盖在煮好的面条上,完成。

食材小 Tips

饺子不用煮熟，也不用化冻，直接把硬邦邦的速冻饺子摆在锅里就可以。

抱 蛋 煎 饺

包饺子是我的看家本领，尤其擅长擀皮。从小练就麻利的擀皮功夫，左手转面右手开擀，几秒完成一个，且造型精致。记得小时候，我妈偷笑着跟我说，隔壁南方人用碗扣在面皮上，抠出一个圆形来做饺子皮，当初我还半信半疑，直到来了南方才醒悟，不是每户人家都会包饺子。

我猜，发明抱蛋煎饺的人要么是懒，想吃煎饺和煎蛋但又嫌麻烦，结果就搞了个混搭煎饼；要么是选择综合征，本想做盘酥脆的煎饺，结果饺子下锅又变了卦，索性打个煎蛋去补救。抱蛋煎饺外形诱人，月牙饺子摆成完美的花式，配上黄的煎蛋，绿的葱花，先满足的是眼睛，饺子连着煎蛋一口吃下，鲜甜裹着焦香袭来，嘴巴也收得服服帖帖了。

食材：（两人份）

速冻饺子　8-10个
鸡蛋　2颗

辅料：

西兰花　4-5朵
葱花　适量
芝麻　适量

调料：

盐　适量
植物油　适量

🍴 做法

① 把平底煎锅烧热，小火放适量油，摇晃锅子，让油把锅底均匀覆盖，再把速冻饺子在锅底摆好造型，盖上锅盖小火煎3分钟；

② 待饺子底部基本成型后，倒入淹没饺子1/3的清水，盖上锅盖，小火煎至水干；

③ 把两个鸡蛋打散，加适量盐，把鸡蛋液均匀倒入平底锅中，填满饺子的间隙，盖上锅盖焖两分钟；

④ 撒芝麻、葱花，还可以放些水煮西兰花装饰，吃的时候蘸点醋，味道更好。

早安，早餐

猪肉生煎包

　　对生煎包最深的记忆是在上海街头。因为喜欢上海的旧砖素瓦，我便只身在老巷子里穿梭，竟然渐入深处不知出路，心里有点发慌，脚步也急促起来，忽然一个转弯，只见人影攒动，烟雾缭绕中一家生煎老店呈现在眼前。我找个不起眼的角落，要了生煎包和鸭血汤，几口油香下肚，心也平静下来，在迷茫中遇到的人间烟火，温暖了我这个不知归路的异乡人。

　　生煎包个头不大，底部煎得焦黄，上桌带着热腾腾的锅气，还有芝麻和葱花的香味，单靠香味就勾走了食客的心。花椒水是肉馅的提鲜秘籍，而肉冻则是出汁的关键，小心翼翼咬个口子，汤汁瞬间喷出，顺势吸一口，口齿留香。肉馅鲜嫩异常，油香、肉香、芝麻香和葱香，最妙的是底部那一片焦香酥脆，浓香有层次地席卷而来，让人欲罢不能。猪肉生煎包一般是蘸醋食用，有次我往醋里挤了点芥末，竟然有非比寻常的美味，芥末爱好者值得一试。

36

做法

先做肉馅

① 先做肉冻，肉冻是猪肉皮熬制出的，是包子出汁的关键，做法是将猪皮洗净切丝，加姜片、葱段，倒入刚没过材料的清水，小火煮 1 小时；

② 把葱段、姜片沥出，肉冻水静置到凉透，就凝结成猪肉冻了；

③ 花椒水是向我妈学来的，用在饺子、包子的肉馅中非常提味，做法是将八角、花椒加水小火煮 5 分钟，沥掉材料就可以了；

④ 辅料准备好，开始做肉馅，瘦肉切碎，加肉冻碎、花椒水、盐、生抽、老抽、料酒、葱碎。

然后包包子

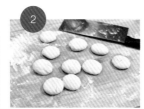

① 清水分次倒入面粉中，边倒水边和面，揉成光滑面团，静置 20 分钟；

② 和面，切成小的剂子，擀成包子皮；

③ 左手拿皮，肉馅放到包子皮中间；

④ 左手手心稍稍向下弯，右手的食指和拇指把面皮捏起来，然后用左手的食指把旁边的面皮推向右手食指的位置，形成一个褶子，右手把褶子和面皮捏在一起，以此类推下去，捏完最后一个褶子，把收口捏紧后轻轻扭一下，一个包子就做好了；

⑤ 包好的包子放在案板上，松弛 5 分钟；

⑥ 平底锅加一大勺油，把生煎包排列在锅内；

⑦ 小火煎半分钟后，倒入小半碗清水，盖锅盖焖 3 分钟；

⑧ 撒上葱花和芝麻，关火焖两分钟，就可以出锅了。喜欢芥末的朋友，可以试试蘸着日本酱油和芥末吃，口感很特别。

科学家说，当糖触及舌尖，甜蜜的信号会在0.5毫秒内抵达脑部中枢神经系统，你不仅感受到了甜，因为身体分泌出多巴胺，心情也变得愉悦。

西点是营造气氛的高手，尤其在特殊的日子格外应景，生日烤蛋糕，纪念日做甜甜圈，早餐更不能少了汉堡，或浪漫或愉悦，一切渲染得恰到好处。

上班日的清晨，我和某胖穿着拖鞋吃着西点，享受着自己创造出的温柔时刻，寻常日子也变得闪闪发光。

Chapter 2

浪漫西式早餐，让日子闪闪发光

冰淇淋蜂蜜厚多士

　　在我上幼儿园的时候，市面上冰品种类很少，最常见的是一种奶油冰砖，裹着朴素的纸衣，长方形，两毛一根，似乎没有牌子，我们都叫它"二厂冰砖"。这冰砖看似不起眼，但奶香浓郁，那纯粹的味道秒杀现在所有大牌冰淇淋。那时候，我喜欢把冰砖放在碗里等它融化，然后把它戳成冰沙，用勺子舀着吃。直到多年后才吃到小碗冰淇淋，暗自感慨，自己又一次走在了美食的风尚前沿。

　　从前，人比较简单，食物也跟着纯粹一些，随着世事变迁，现在的冰品也变得奢华多样。厚多士又称面包诱惑，是港式餐厅的金牌甜点，它的外皮因为烤过格外酥脆，里面铺了蜂蜜口感甜软，最大的亮点是顶上堆满冰淇淋球和水果，带给人恋爱般的甜蜜遐想。在家做一份华丽的甜点，像礼物一样摆上桌，引得某胖惊喜连连。

食材：（两人份）

吐司面包　1/2

辅料：

蜂蜜　25g
黄油　25g
冰淇淋　1盒
巧克力棒　3根
水果　适量

 ## 做法

① 食材合影；

② 吐司取一半，沿四周切下，整块切下来，底部整块填回去，其他部分切成3层小方块；

③ 黄油蜂蜜加热融化，把面包填回去，每填一层就涂一层黄油蜂蜜；

④ 把整个填满，多刷一些黄油蜂蜜，入烤箱180℃，上下火烤15分钟；

⑤ 放冰淇淋、水果，开吃吧。

食材小 Tips

煎松饼一定要用小火，
防止火力太猛而变焦糊。

草 莓 松 饼

英国其实没什么好吃的，但英式下午茶却闻名于世。

当你想吃点软软腻腻的小甜点，松饼是个不错的选择。松饼的做法很简单，食材也没那么多讲究，只有一点，松饼必须要温热的时候吃，至少是新鲜出炉的，这样才能体会到那口软绵甜香和入口即融的舌尖触感。冷掉的松饼会变硬，像过期的爱情一样失去所有美好。

松饼除了口感美妙，吸引我的还有它随心所欲的装饰，不论淋蜂蜜还是果酱，或者切块黄油顶在上面都可爱又美味。有时间的日子，我会探索松饼与各式水果的搭配，不论摆盘和口味，都常有令人意外的小惊喜。

 ## 做法

食材：（两人份）

低筋面粉　180g

牛奶　150ml

黄油　25g

鸡蛋　2颗

辅料：

泡打粉　1勺

细砂糖　25g

盐　1/2勺

1　先把黄油隔水融化，鸡蛋打入碗中，加入细砂糖、盐搅拌均匀；

2　低筋面粉和泡打粉混合过筛，加入蛋液糊中，加入牛奶搅拌均匀成有一定流动性的面糊；

3　平底锅小火烧热，用小块黄油融化，覆盖整个锅底；

4　舀一勺面糊铺平整形，待面糊表面出现气孔，用铲子翻面；

5　煎至两面焦黄盛出，几片松饼堆起，挤上巧克力酱，加草莓装饰即可。

食材小 Tips

煮鸡蛋的时候，鸡蛋凉水下锅，
先在水里浸泡几分钟，再开中火
直到水沸腾后煮大约8分钟捞出，
放在凉水里冷却。煮到这个程度
的蛋黄较为干爽，容易过筛。

Good morning , breakfast

玛格丽特饼干

在我孜孜不倦的美食诱惑下，又有朋友被我拉入烘焙圈，每当此时，我内心都无比雀跃。她问我第一次做什么，我毫不犹豫地推荐了玛格丽特饼干。它不仅口感惊艳，最重要的是做法简单，对于还没深陷烘焙的新手，最怕被做法太难的甜点吓跑。

玛格丽特饼干全名叫"住在意大利史特雷莎的玛格丽特小姐"。据说是一位面点师爱上了一位小姐，在日思夜想中发明了这款法式点心，他在心里默念她的名字，用拇指将饼干一个个按扁，因此，玛格丽特饼干也被称作"情人的指纹"。玛格丽特饼干入口即化，香绵软滑，它与嘴巴接触的刹那，上颚及舌头所产生的美妙感觉，让人向往。最难得的是制作方法简单，随便谁都可以做上一盘，送给某个他，用指纹来诉说隐匿的爱恋。

食材：

低筋面粉 100g	黄油 100g	盐 1g
玉米淀粉 100g	熟蛋黄 2个	糖粉 60g

 做法 -

① 把黄油软化后，加入糖粉和盐，用打蛋器打发到体积稍微膨大，颜色稍变浅，呈膨松状；

② 煮两颗鸡蛋，取其蛋黄，用勺子压碎；

③ 使蛋黄过筛成为蛋黄细末，加入打发的黄油中；

④ 低筋面粉和玉米淀粉混合过筛后加入打发的黄油中搅拌均匀；

⑤ 把所有材料揉成面团，将面团用保鲜膜包好，放进冰箱冷藏 1 个小时；

⑥ 取出冷藏好的面团，揉成一个个小圆球；

⑦ 将小圆球放在烤盘上，用大拇指按扁，预热烤箱，上下火 170℃烤 15-20 分钟完成；

⑧ 如果要装袋送人，切记要让饼干凉透再装袋，不然会影响口感。

法 式 煎 吐 司

　　女人套着过分宽大的白色衬衣，光着脚在厨房忙碌，几片吐司，一杯咖啡，晨光洒在她微笑的面庞上，眼睛幸福得闪闪发光，小心地将吐司摆盘，端着餐盘踮着脚尖走进卧室，用一个吻将睡梦中的男人叫醒，两人甜蜜相拥，嬉笑中共进早餐。这是电影里的法式浪漫，也曾在我们的甜蜜期短暂再现，但当两人一起度过太多清晨，曾经的起床一吻也渐渐变成现在的起床一脚，还好温柔的法式吐司还在，至少能在柔软的口感里回味曾经的情话。

　　在美食上，法国体现出别样的浪漫，高档法餐是高调的浪漫，而法式煎吐司就是甜腻的爱恋。吐司用牛奶鸡蛋浸泡，再用黄油小火煎至焦黄，咬一口奶香与黄油满溢，充满甜蜜爱意。法式吐司一定要趁热吃，才不枉那份入口即化的美妙。

做法

食材：（一人份）

吐司片　3片

牛奶　100ml

鸡蛋　1颗

草莓　适量

辅料：

砂糖　适量

黄油　20g

巧克力酱　适量

① 把白吐司切去四边，再切成4块；

② 把鸡蛋、牛奶、砂糖搅拌均匀，切好的吐司片在蛋液里浸泡，吸饱汤汁；

③ 平底锅烧热，用筷子夹一块黄油，把黄油均匀抹在锅底；

④ 把吸饱汤汁的吐司片放入煎锅，中火煎至两面金黄；

⑤ 煎好的吐司片抹巧克力酱夹在一起，装饰上草莓，撒糖粉完成。

三色意面沙拉

　　都说男人比女人更易保持一颗童心，我从前并不认同。作为资深非典型腐女，自认为对动漫和游戏的喜爱让我童心满满，于是，当我看到某胖与90后畅聊动漫新番，我不以为然；发现某胖看日漫看到可以在日本简单交流，我视为意外；直到他声色并茂地完美演唱了《Banana之歌》，我再也扛不住，只好宣告败下阵来，彻底服了他那颗茁壮的童心。

　　某胖除了爱吃肉，还偏好颜色鲜艳的食物，这大多也是童心在作祟。在超市看到三色意面，一看就知他会喜欢，回来做成清爽的意面沙拉。这道早餐做法非常简单，把培根炒香，芦笋切段焯水，意面煮熟后和所有食材一起拌上蛋黄酱即可。三色意面沙拉上桌，某胖果然拿着勺子吃得不亦乐乎，俨然一个没心没肺的大儿童。

食材：（两人份）	辅料：	调料：
三色意面 200g	芦笋 3根 培根 2片 鸡蛋 1颗	蛋黄酱 适量 胡椒粉 适量

 做法

1. 食材合影，用蝴蝶意面或者其他意面都可以；

2. 培根切成小块，煎锅无油，小火煎至焦黄；

3. 把芦笋切成小段，烧锅清水，放鸡蛋、意面、芦笋段煮熟，根据食材不同，我会先放鸡蛋，煮5分钟后再加意面，最后意面快熟时放入芦笋段烫一下就出锅；

4. 食材全部捞出控水，鸡蛋剥壳切成块，食材混在一起加蛋黄酱，搅拌均匀，最后根据口味加适量胡椒粉。

什锦肉丸意粉

每逢过年，我妈都会炸很多猪肉丸子，不仅过年吃，还计算好了让我带走的那份。年后很长时间，我都琢磨着怎么消耗这些美味。猪肉丸子可炸可炖，和新鲜番茄搭配在一起格外开胃，再加上洋葱、香菇、西兰花，造就了香浓酸爽什锦肉丸意面。我妈绝对想不到，本来跟猪肉粉条搭配的家常肉丸，竟会和洋食材混在一起成了美味。

食材：（一人份）

意大利面　适量

辅料：

猪肉丸　8个

西兰花　3朵

番茄　1颗

玉米粒　适量

红椒　1颗

洋葱　1/2颗

香菇　3朵

调料：

盐　适量

白砂糖　适量

胡椒粉　适量

植物油　适量

做法

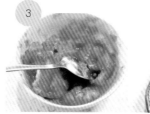

1 所有食材合影，材料非常丰富，每种用量不多；

2 把洋葱、红椒切丝，香菇切片，西兰花切成一朵朵，并且把西兰花焯水后备用；

3 锅中放清水放入西红柿，用中火煮至表皮裂开，捞出后压成番茄泥，加白砂糖、盐备用，不想麻烦也可以直接用番茄酱；

4 大火煮意大利面10分钟，煮熟后捞出放进冰水中备用；

5 炒锅中加油，中火放洋葱、红椒、玉米粒、肉丸翻炒；

6 食材炒熟后放至奶锅中铺底，加入熟意大利面、番茄泥和所有炒码；

7 小火翻炒至入味，加胡椒粉拌匀就完成了。

番茄鸡肉焗饭

　　我早晨尤其善变，虽然习惯在前一天计划好早餐，哪怕连材料都准备好，却经常在动手的前一秒把想法推翻。打开冰箱凝视所有的材料，像帝王俯视自己的疆土子民，最后大手一挥，拿起一袋芝士，原本想做的番茄鸡肉炒饭就这样变成了番茄鸡肉**焗**饭。

　　番茄鸡肉**焗**饭做法简单，先爆香洋葱，炒熟鸡肉，再放土豆、胡萝卜、番茄炖得鲜香，炖好的菜码盖在热腾腾的米饭上，最后撒一层厚厚的马苏里拉奶酪。入烤箱不久，诱人的香味就在房间里弥漫开来。爱**焗**饭的人都是爱那层芝士，舀上一勺连料带饭的，扯着拉丝入口，细细咀嚼，鸡肉中翻滚出番茄的酸甜，混着浓香的芝士，舌头都欢呼雀跃起来。吃到下面，温热的米饭因为浸透酱汁，带来恰到好处的甜鲜，口感也毫不逊色。

食材：（一人份）		调料：	
热米饭 一大碗	红椒 1 颗	芝士 适量	盐 适量
鸡胸肉 200g	土豆 1 个	生抽 适量	
胡萝卜 1 个	番茄 1 颗	植物油 适量	
青椒 1 颗	洋葱 1/2 颗	黑胡椒粉 适量	

 # 做法

① 所有食材合影；

② 把鸡肉切块后加淀粉和黑胡椒粉拌匀，腌制 15 分钟，番茄切丁，洋葱、青椒、红椒切丝，土豆、胡萝卜切块；

③ 炒锅放少量油，大火先把洋葱爆香，再放腌制好的鸡肉炒变色；

④ 加入土豆块和胡萝卜块翻炒，至断生；

⑤ 最后加入番茄丁翻炒，至番茄出汁变软；

⑥ 加入适量清水、番茄酱、生抽，盖上锅盖焖煮，直到土豆和胡萝卜软烂、汤汁浓稠，加盐调味后盛出；

⑦ 在烤碗中加入热米饭铺平，不要压得太实，松散一些便于汤汁浸透；

⑧ 把煮好的番茄鸡肉铺在米饭上；

⑨ 铺一层芝士，放上切好的青椒、红椒，再铺上一层芝士；

⑩ 烤箱预热 200℃，将米饭放入烤箱烤制 15 分钟左右，到芝士软化即可，搅拌一下再吃，格外美味。

牛 油 果 吐 司

对食物我很少记仇，即使初次尝试留下阴影，也是好了伤疤忘了痛，还会再次尝试。我总认为，世间一切存在即有道理，食物味道不佳多是人的问题，错的要么是种植方式，要么是烹饪手法，食物本身不会有错。牛油果我开始也不喜欢，但凹凸碧绿的样子实在有趣，又有抗衰老的神奇传说，让人舍不得放弃。

牛油果的果肉寡淡无味，还有点腻人的油香，直接吃接受者甚少，但它胜在味道单纯而质地细腻，与其他食物结合可以幻化出绝妙的口感与味道。经过多次尝试后发现，牛油果和鸡蛋碎搭配，既有蛋香，又有奶油般绵密的口感，再根据自己口味加沙拉酱或柠檬汁，抹在吐司片上有种清新柔腻之感，是意想不到的美味。

食材：（两人份）

吐司片 4片
牛油果 1颗

辅料：

鸡蛋 1颗
柠檬 1/2个
黄油 适量

调料：

黑胡椒 适量

做法

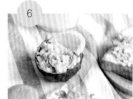

1. 鸡蛋煮熟，用勺子取出牛油果，和熟蛋一起压碎、拌匀；
2. 放适量黑胡椒调味，也可以换为椒盐；
3. 挤入少许柠檬汁，会让口感更清新；
4. 铁锅小火预热后抹黄油，吐司片煎一下；
5. 牛油果蛋碎抹在吐司片上；
6. 剩下的牛油果蛋碎放在果皮里，做个沙拉盅抹着吃。

提 拉 米 苏

　　摩羯座有工作狂基因，曾有几年，我像小怪兽一样终日打怪升级，追求微不足道的成就感，毫不在意生活细节。当时的自己，连甜点的名字都懒得去记，每次到咖啡馆都是看图点单。由于心不在焉，味道可否也是吃完就忘，就在这时，我第一次吃到了提拉米苏。

　　提拉米苏是令人惊艳的甜点，第一口就将我彻底征服。它口感奇特，像蛋糕和布丁的混合体，巧克力的馥郁、手指饼干的绵密、乳酪和鲜奶油的稠香、可可粉的干爽，各种材料的香甜融合在一起，给人错综复杂的淋漓享受。最诱人的还是那丝酒香，若有若无地将心缠绕，幸福得恍若仙境。从此，我爱上提拉米苏，总能在那醉人口感里寻得片刻安宁。

　　时光打磨掉年少的浮躁，整个人便松弛下来，我才发现生活真正的模样。工作之余开始烹饪和烘焙，和某胖一起吃喝谈笑，笑彼此那曾经的年少轻狂。

食材：（6寸圆模）

| 马斯卡彭奶酪 250g | 拇指饼干 1份 | 细砂糖 75g | 朗姆酒 15ml | 可可粉 适量 |
| 动物性淡奶油 150ml | 意大利浓缩咖啡 适量 | 蛋黄 2个 | 吉利丁片 10g | 水 75ml |

 做法

1. 先把吉利丁片掰成小片，用冷水泡着备用；

2. 将蛋黄打发到浓稠状态备用；

3. 水和细砂糖倒锅里，小火煮成糖水；

4. 把糖水倒入打发好的蛋黄中，然后继续用打蛋器搅打8分钟，把逐渐冷却后的蛋黄糊倒在大碗里备用；

5. 把马斯卡彭奶酪用打蛋器搅打到顺滑，然后和蛋黄糊混合拌匀；

6. 把泡好的吉利丁片滤干水分，隔水加热至彻底溶化成为吉利丁溶液；

7. 把吉利丁溶液倒入之前混合好的芝士糊里，拌匀，再把动物性淡奶油打发到软性发泡，加入芝士糊里拌匀；

8. 把意大利浓缩咖啡和朗姆酒混合成咖啡酒，取一片手指饼干，在咖啡酒里快速蘸一下，让手指饼干沾满咖啡酒；

9. 如此重复直到手指饼干铺满蛋糕模底部，倒入一半的芝士糊；

10. 在芝士糊上继续铺上一层蘸了咖啡酒的手指饼干，并倒入剩下一半芝士糊；

11. 把蛋糕模放进冰箱冷藏过夜，待芝士糊彻底凝固以后脱模；

12. 用硫酸纸剪出自己喜欢的形状，然后把硫酸纸轻轻放在蛋糕表面，撒上可可粉后再拿下来，完成。

香蕉蓝莓吐司

在小时候，寒冬腊月里我奶奶最喜欢烤梨给我吃。北方大鸭梨直接丢到煤火里，烤几分钟翻个面，不需要多久鸭梨表皮就变成焦炭，还闪着红嘤嘤的火光。用夹子把这坨焦炭夹出，掰开炭化的表皮，鸭梨的内心淌着甜汁，但口感依旧爽脆。除了烤梨，我奶奶还喜欢做烤苹果。北方春节前后，苹果和鸭梨每家都是囤积，大可放心丢进火里去烤，倒是后来煤火不再常见，这滚烫的冬日甜点也成为回忆。

香蕉不能丢进煤火里，我家从前是把香蕉放在暖气上烤的。北方冬天暖气滚烫，香蕉烤到软塌塌，剥开表皮小心翼翼地咬着吃，烫嘴的热气，甜腻的软糯，都是孩子们的最爱。感受过烤香蕉的美好，就能想象出香蕉吐司的美妙。把香蕉半融化在吐司上，烤香蕉的甜腻和吐司的麦香融合，还有酸甜蓝莓的点缀，既美味又饱腹，是适合冬日的暖心甜点。

食材：（两人份）

吐司片　4 片
香蕉　1 根
蓝莓　适量

辅料：

坚果碎　适量

调料：

巧克力酱　适量

 做法

1. 先在两片吐司上均匀抹上巧克力酱；
2. 两片吐司用巧克力酱粘在一起，香蕉切片，在吐司上摆满香蕉片；
3. 做好的吐司放入烤箱，200℃烤 10 分钟，香蕉酥软即出炉，然后堆上蓝莓即成。

食材小 Tips

酥皮可以多做一些冷藏在冰箱，接连几天就可以轻松做各种酥皮点心了。

樱桃奶油千层酥

我和某胖有过节的爱好，任何节日都要热闹一下。结婚两周年是个大日子，我从一周前就开始筹划，甜蜜满溢的优雅茶点是这次早餐的主调。经过反复比较和考量，樱桃奶油千层酥最终胜出。

这是我第一次尝试做酥皮，整个过程非常有趣，虽然裹黄油的过程略显烦琐，但对于强迫症患者不是难事。切好放入烤箱，看着酥皮在烤箱里跳跃着膨胀，成就感油然而生。出炉的蓬松酥皮与入炉前形成强烈对比，还未入口就感受到满满的幸福。

酥皮材料：			装饰辅料：		
普通面粉 150g	清水 70ml	盐 3g	奶油 适量	糖粉 适量
黄油 80g	黄油 15g	糖 3g	樱桃 适量	

 ## 做法

1. 把15g黄油融化成液体，加入除裹入黄油外的其他材料揉成面团，裹保鲜膜，放冰箱冷藏1个小时；

2. 将裹入黄油敲打成正方形，然后将面团擀成比黄油大一点的正方形面皮，将黄油裹入面皮中；

3. 然后将面皮四边折起，折好后擀长一些，如果有气泡就用牙签扎去；

4. 将面皮向中间折起，再将对边也向中间折起，折好后，装入保鲜膜中冷藏15分钟，取出后重复3、4步骤，重复两次；

5. 酥皮做好后擀成2-3mm的大面皮，用刀把酥皮切成想要的形状和大小；

6. 切好的酥皮放入烤盘，入烤箱200℃烤20分钟，拿出备用；

7. 奶油加糖粉打发，至不流动裱花状态，樱桃切成两半，放一层酥皮，挤上奶油，放几个一半的樱桃；

8. 再挤一些奶油，放一个酥皮，酥皮上再挤奶油，整个樱桃放在奶油上，完成。

蝴 蝶 酥

　　不论是在法语里叫作"Palmier"，或者被德国人称为"Schweineohren"，甚至是北京人口中的"北京风味小吃"，都不能妨碍这种蝴蝶状的西点成为各家烘焙店中出镜率最高的小点心。我还记得读书时常常在候车的公交站台，注视着隔壁烘焙店铺门口的长长的队伍，以及从最前端不断诞生出的满满一袋子幸福的"蝴蝶"。

　　提到蝴蝶酥，就不得不说起酥皮。做酥皮要将面团中裹入黄油，经过反复折叠形成百层面皮，随着烘焙的高温，面皮中的水分汽化，面皮就膨胀形成层次分明的酥皮了。

　　只要学会做酥皮，便可以轻松做出各式酥皮点心，像酥皮派、蛋挞等。蝴蝶酥算是最简单的酥皮点心。酥皮修整成长方形，刷清水，撒白糖，两边卷起后切片，入烤箱25分钟。眼看着原本紧实的酥皮自然展开，形成一个个"翅膀"。当蝴蝶酥开始起酥上色，香味就从烤箱里溢出来，出炉咬上一口，香甜松脆。

食材：（两人份）

千层酥皮　适量
（千层酥皮做法详见樱桃千层酥）

〰〰〰〰〰〰〰〰〰〰〰〰〰〰〰〰

辅料：

白砂糖　适量
清水　适量

做法

① 按照千层酥皮的制作方法做好千层酥皮，擀成0.3cm厚度以后，用刀切去不规整的边角，修整成长方形，在千层酥皮上刷一层清水，撒一层白糖，沿着长边向两边卷起；

② 用刀把卷好的千层酥皮切成厚度为0.8cm-1cm的小片，排入铺上锡纸的烤盘。烤箱预热200℃，上下火20分钟左右，烤至金黄色即可。

Good morning , breakfast

纸 杯 小 蛋 糕

很多人爱上纸杯蛋糕是因为一部美剧，名字自不必说，两个主角我都非常喜欢。因为剧情的代入感，现在看到纸杯蛋糕都感到一份励志气息。

纸杯蛋糕很家常。据说在欧美家庭，每个主妇都有属于自己的纸杯蛋糕食谱。近几年，随着美剧的流行，纸杯蛋糕被越来越多的国人喜爱。纸杯蛋糕的造型小巧可爱，口味丰富，是适合聚会的靓丽小点心。

蛋糕底：(6个)

低筋面粉　50g

鸡蛋　2颗

细砂糖　40g

牛奶　30ml

植物油　25g

泡打粉　3g

装饰：

鲜奶油　100g

细砂糖　10g

樱桃　适量

 ## 做法

① 食材合影；

② 把两个鸡蛋的蛋黄和蛋清分离；

③ 把蛋黄和细砂糖混合后用打蛋器打发到体积膨大，状态浓稠，颜色变浅，分三次加入植物油，每加一次就用打蛋器搅打均匀，加入牛奶搅拌均匀；

④ 开始打发蛋白，分三次加入细砂糖，将蛋白打发到干性发泡的状态，提起打蛋器后，蛋白拉出直立的尖角；

⑤ 低筋面粉和泡打粉混合后筛入蛋黄里，搅拌均匀，将蛋白分三次倒入蛋黄碗里，从底部往上翻拌均匀；

⑥ 把面糊倒入纸杯中，约8分满，放入预热好上下火180℃烤箱中层，烤20-25分钟；

⑦ 蛋糕烤好后出炉，顶部可能稍微高出模具或有些许开裂，没有关系；

⑧ 鲜奶油加细砂糖打发，用裱花嘴挤到蛋糕顶上，再装饰上樱桃即可。

油炸甜甜圈

　　甜甜圈的英文是 Doughnuts，是一种油炸面包，虽然算不上健康，但这可爱的环形，让人忍不住地喜欢。好吃的甜甜圈应该是外焦里嫩，有着脆脆的面包皮和软香的内心。甜甜圈的装饰可以充分发挥想象力，裹巧克力浆，撒糖粉，装饰糖珠，真有种儿时做手工的奇妙感受。

食材：（8-10个）	辅料：
高筋面粉　200g	干酵母　8g
鸡蛋　1颗	砂糖　20g
牛奶　60ml	巧克力　适量
	糖粉　适量

做法

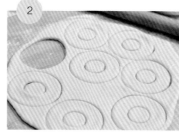

1　先用牛奶加糖和酵母搅拌至融化，再加入高筋面粉、鸡蛋混合成面团，放入烤箱温暖发酵1小时；

2　发酵好的面团手揉排气，然后在面板上饧15分钟，擀成1cm厚的面皮，用模具压出型，入烤箱温暖发酵30分钟；

3　油锅里放足量的油，烧至八成热（约180℃）放入甜甜圈，甜甜圈入油锅后要瞬间浮起，代表发酵完成，油量也够多，中火炸至两面金黄捞出；

4　甜甜圈捞出控油，糖粉要趁热撒，巧克力等凉透后再蘸；

5　把巧克力融化，蘸满甜甜圈一侧，在巧克力冷却之前撒上装饰。

肉 丸 热 狗

每次回家，临行前都要经历一场战争。

出门在外，家人最担心的是吃得可好。见不到时在电话里叮嘱，见面就开始准备东西，新做的棉被，给公婆的回礼，最多的是一袋袋家人做的美食。我妈每次都琢磨着如何把行囊塞满，似乎怕对不起那张车票。我也倔强，不肯屈服，把东西扯出来减负，我妈苦口婆心地阻拦，一件件地塞回。讨价还价中我总能获胜，洋洋得意地背着瘪瘪的行囊回到长沙，打开行李却发现藏在被褥里的一包猪肉丸，又是一阵无奈。

过年的时候做炸肉丸和带鱼是我家的习惯，每次炸一大盆，断断续续能吃到开春。那天我做好了面包，忽然想到那包猪肉丸，便成就了这意外的奇特美味。面包夹肉丸味道浓郁，但总觉得少了层次，酸黄瓜正是那点睛一笔。单是嗅到那丝酸爽，就已口舌生津，混着肉丸大口咬下，浓郁肉香里跳出一丝酸甜爽口，令人胃口大开。

食材：（4 个）

高筋面粉 200g

低筋面粉 50g

干酵母 3g

细砂糖 20g

盐 2g

黄油 20g

辅料：

鸡蛋 1 颗

芝麻 适量

猪肉丸 适量

生菜 1 颗

酸黄瓜 2 根

做法

① 把除了黄油外的所有食材混合，边加清水边和面，揉成面团后饧 1 个小时，让面团发酵到两倍大小；

② 手揉面团至出筋，加入软化的黄油继续揉匀，再次发酵 20 分钟；

③ 把面团压扁排气，均匀分成几等份，整理成喜欢的形状；

④ 面团放入烤箱，温暖发酵 20 分钟，发酵至两倍大小；

⑤ 拿出发酵好的面团，涂全蛋液，撒芝麻；

⑥ 面团放入预热好的烤箱，170℃烤 15 分钟左右；

⑦ 烤好后晾凉，面包从中间切开，不要切断，夹生菜、肉丸、酸黄瓜。也可夹火腿肠、鸡蛋、培根等。

虾 仁 汉 堡

　　某胖是汉堡爱好者，看到汉堡店必要一试。有此我们去海岛度假，正满心期待登岛后的海鲜大餐，他却在汉堡王（Burger King）门前不肯离去。我果断怒斥他："这个国内有！"他激烈反驳："国外口味不同！"无奈，只得遂了他的愿，欣赏着碧海蓝天，一起大嚼汉堡和薯条。

　　看到我开始玩烘焙，某胖异常兴奋，经常撺掇我做汉堡。对于这位资深肉食爱好者，扎实的大肉饼比什么都诱人。猪肉汉堡浓郁，虾仁汉堡鲜美，做法大同小异。但如果做虾仁汉堡，不要把虾子切碎，只有整只虾子才有过瘾的口感。试想一下，不能一口咬到完整大虾，算什么虾仁汉堡！

食材：（两人份）		辅料：	调料：
小面包 2个	鸡蛋 2颗	高筋面粉 30g	蛋黄酱 适量
鲜虾 6只	苦菊 适量	面包糠 30g	椒盐 适量

 ## 做法

1. 所有食材合影；

2. 先把鲜虾剥壳，去掉泥线，打鸡蛋进去；

3. 把面粉和面包糠倒入鸡蛋鲜虾中，搅拌至黏稠；

4. 放入一点椒盐拌匀，让虾饼更加鲜美；

5. 团成两个虾肉饼，平底锅小火少油，煎至两面金黄；

6. 把小面包切开，夹入苦菊、虾肉饼，再挤上适量蛋黄酱，味道鲜美，可以吃到完整的大虾。

贝 果 三 明 治

　　第一次认识贝果，就被菜谱的副标题吸引："会做上瘾的贝果。"名字有点故弄玄虚，但做完一次发现，真的上瘾了。世间容易上瘾的事或人都要具备两点要素，一是符合自己口味，第二就是充满未知。上瘾与一见钟情不同，它是在多次尝试后愈发喜欢。对一个人上瘾有很多种可能，但肯定不是因为外貌，因为千变万化的美只存在于聊斋故事里，只有独立又充满未知的性格魅力才勾得人愈陷愈深。

　　贝果令人上瘾的就是这两点，口味和未知。先说口味，贝果是一种犹太硬面包，甜度不高，极具韧性，喜欢这口嚼劲的，哪怕咬得腮酸嘴软也会义无反顾；再说未知，贝果的制作过程比较烦琐，发面、煮糖水、烘烤，一点差别就会引起口感和外形的变化，或口感偏甜，或韧性不够，甚至圆形弧度不够圆满，都能成为再揉一炉的理由。

食材：（4个）

高筋面粉　200g

辅料：

盐　2g

糖　10g

干酵母　3g

红糖　3勺

三明治材料：

鸡蛋　4颗

生菜　1颗

培根　2片

麦片　适量

做法

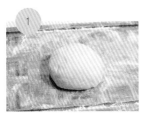

① 将面粉、盐、糖、干酵母混合，边加水边和成面团，盖一块湿布发至两倍大小；

② 把发酵好的面团均匀分成4份；

③ 每一份都搓成长条，长条的一端按扁；

④ 把长条面团两头相连，接成圈，用按扁的那一头去包裹另一头，仔细捏紧接口，要不然容易散开；

⑤ 全部做好后，盖上潮湿的布，再次饧30分钟，然后煮一锅红糖水，有一点点甜味即可，小火煮贝果，两面各煮10秒；

⑥ 贝果放入烤盘，根据自己喜好撒麦片，然后入烤箱190℃烤15分钟即可。最后把贝果从中间剖开，根据自己的喜好夹配料做成贝果三明治。

洋 葱 圈

　　切洋葱是件棘手的事，我也试过很多方法避免刺激，但还是经常惹得泪腺涌动，每次在厨房泪眼婆娑地忙碌，那画面像极了受气的小媳妇。

　　洋葱辛辣爽脆，还有股甘甜，用来炒肉、炒蛋都鲜美得很，而洋葱圈据说是从美国流行起来的，是跟炸鸡、啤酒搭配的著名小吃。洋葱圈和鱿鱼圈样子相似，我以前没有细想，恍惚间认为是洋葱和鱿鱼打碎混合，再用什么模具油炸而得。某日在咖啡馆吃到，仔细研究后我恍然大悟，原来洋葱圈就是用洋葱做的！得知材料和做法都如此简单，迫不及待地回家一试。洋葱圈是将洋葱横切成环状，先腌制一会儿入味，然后裹满淀粉、鸡蛋液、面包糠高温油炸。洋葱过高温后没了辛辣，只剩下温热的甘甜，再加上炸透了的面包糠，咬上一口，脆得掉渣。

食材:

洋葱　1颗

〜〜〜〜〜〜〜〜〜〜

辅料:

淀粉　适量

面包糠　适量

鸡蛋　适量

〜〜〜〜〜〜〜〜〜〜

调料:

盐　适量

胡椒粉　适量

植物油　适量

 **做法**

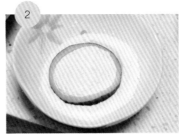

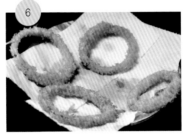

① 洋葱切环，撒盐、胡椒粉腌10分钟；

② 先将洋葱圈蘸满淀粉；

③ 再正反两面裹满全蛋液；

④ 洋葱圈尽可能多地蘸满面包糠；

⑤ 油锅放足量的油，烧至七分热，放入裹好的洋葱圈，小火炸至金黄；

⑥ 炸好洋葱圈放在纸巾上吸吸油；

⑦ 装盘开吃，热腾腾的时候吃最棒。

我在制作食物时会尽量保持食材本身的味道，就如菠菜，我格外喜爱它的清苦和干涩，清炒时索性不焯水，尽量保留这份特别。

　　看过的动画片《樱桃小丸子》里，小丸子为买荞麦面几经辗转。结尾处，一家人围坐在一起吃荞麦面的场景，平凡又温暖，让人感动。我在日本旅行时，有幸吃到很棒的荞麦面，口感质朴清爽，配料也恰到好处。

　　我们总是追求浮华，却忘记了身边最普通的食材，倾注心血，细熬慢炖所制作出的食物，才是真真正正最美好的味道。就像两个人的生活，平平淡淡的才是美好。

Chapter 3

质朴的食材让早餐平凡而美好

早 安， 早 餐

蛋 黄 酥

据说，现在是"恨一个人，就送他五仁月饼"，但我小时候吃得最多的还是五仁月饼。掰开月饼散落出花生仁、核桃仁、冰糖等内陷，还有青红细丝的果脯缠绕，咬一口馅料丰富，甜滋滋的甚是满足。不知何故，长大了极不爱吃月饼，不管是什么馅料，统统避之不及。蛋黄酥因和月饼有几分相似，也备受牵连，被我无故嫌弃。直到某天偶然吃了一口，不禁为错过的日子懊悔不已。爱吃蛋黄酥多是爱那口咸蛋香。当咸蛋黄烘烤到开始"咻咻"地冒油，那股子蛋香就让人按捺不住，再包上豆沙馅，配上脆得掉渣的外皮，面对这甜咸酥软的人间美味，哪里还顾得上什么热量。

食材：（20 个）

①油皮		②油酥	③其他	
中筋面粉　190g	细砂糖　25g	中筋面粉　150g	生咸蛋黄　20 个	鸡蛋　1 颗
猪油　70g	清水　75ml	猪油　75g	豆沙馅　300g	黑芝麻　适量

 做法

1. 猪油还是自己熬的放心，猪板油切成小丁放入炒锅中，先用大火烧出油，再转中小火熬制，用铲子不停翻炒防止粘锅，熬到猪板油成焦黄色，把油沥出；

2. 猪油降至常温，再放入冰箱里，凝结成洁白固体猪油状；

3. 生咸蛋黄在烤盘上摆好，可以喷些白酒去腥，不喷也无碍，入烤箱预热 170℃烤 5 分钟；

4. 把油皮和酥皮的材料分别混合，揉成光滑面团，油皮盖保鲜膜静置 30 分钟；

5. 把油皮和酥皮各分成 20 等份，油皮每份 18g，酥皮每份 11g；

6. 将油皮剂子压扁，加入一个油酥，包裹起来，包成 20 个球状，包口朝下；

7. 把面团擀成扁长状，从一头卷起，卷成筒状，所有都卷好后，盖上保鲜膜松弛 20 分钟；

8. 松弛后的面团先用手压扁，擀成扁长状，再从一头卷起，卷成筒状；

9. 所有都卷好后，盖上保鲜膜松弛 20 分钟；

10. 豆沙馅分成 20 等份，每份 15g，取一份豆沙馅用手压扁，包入咸蛋黄，把口封好，做好 20 份豆沙馅包咸蛋黄；

11. 取一份松弛好的油酥皮，封口朝上，从中间按扁，两边收紧，搓成球状；

12. 擀成圆形面皮，把豆沙蛋黄球放在中间，用面皮把豆沙蛋黄球包住，口子要收紧；

13. 包口朝下放入烤盘中，表面均匀刷鸡蛋液，撒上黑芝麻，入烤箱预热 180℃，上下火烤 25 分钟完成；

14. 切开看，酥皮分层均匀，配上整颗咸蛋黄格外好吃。

朴素的华夫饼

有次我在咖啡店吃到冰淇淋松饼，温热的松饼焦香酥脆，和冰淇淋搭配非常奇妙，冷热交替的刺激让味蕾一下子苏醒过来，细细品味，那份甜香和冰爽的混搭，为闺蜜的下午茶聚会增色不少。

和松饼一样，华夫饼也是经典的下午茶点心，是用烤盘压出的烤饼。烤盘有方形有圆形，还有充满爱意的心形，不管什么形状，格子都是正方形。也正是因为这些凹凸的格子，华夫饼才能外焦内嫩，香浓诱人。华夫饼可以搭配水果、冰淇淋、酸奶，直接浇巧克力酱、炼乳也是人间美味。有时我喜欢什么都不加，做一份朴素的华夫饼，细细品味那份酥脆香甜。

食材：（两人份）

低筋面粉　120g
玉米淀粉　30g
牛奶　50ml
鸡蛋　1颗

辅料：

黄油　30g
细砂糖　20g
泡打粉　3g

做法

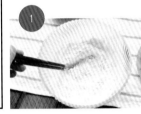

1. 把低筋面粉、玉米淀粉、泡打粉混合均匀；
2. 把黄油融化，加入牛奶、鸡蛋、砂糖，搅拌均匀；
3. 面粉与牛奶鸡蛋液混合，搅拌均匀，静置10分钟；
4. 华夫饼模具预热，均匀抹上一层薄薄的油；
5. 倒进面糊，盖上盖子等2-3分钟，倒出来；
6. 可以撒糖粉，挤巧克力酱，冰淇淋等，配上各式水果也很好吃。

食材：

土豆 1个
鸡蛋 2颗
菠菜 2根
火腿片 5片
蔬菜什锦 适量

调料：

盐 适量
胡椒粉 适量

土 豆 丝 什 锦 蛋 饼

　　人性本贪，在难得吃饱的年代，谁还顾得上口感和健康，所以很庆幸活在当代，物资丰富，才有资本尽情挑剔，把外形也列为美食的基本素养。关于食物美学，我有着自己的坚持，菜色不美绝不动手。哪怕做碗蛋炒饭，也定要加一小撮葱碎，不仅是为了那口葱香，更重要的是绿意点缀下的勃勃生机。

　　我爱土豆，看到它圆滚滚的身影就忍不住买上几个。土豆做法太多，炖、炒、烤、炸皆是美味。曹植才思敏捷，可七步作诗，我吃心泛滥，能一步一个土豆菜谱，我爱土豆之心由此可见一斑。这道五彩缤纷的什锦蛋饼是从网上偷师来的，算是土豆丝饼的升级版本。先煎个焦黄的土豆丝蛋饼，再把菠菜、火腿摆出花式，最后再倒入蛋液，让什锦配料和蛋饼凝成一体。对角切开拿着吃，这吃法硬是把中式煎饼伪装成一个比萨。

 ## 做法

① 食材合影；

② 土豆擦丝（不要泡水），放入一颗鸡蛋，放盐、胡椒；

③ 土豆丝和鸡蛋液搅拌均匀，出现细密泡沫；

④ 先把平底锅热一下，中火放少量油，放土豆丝鸡蛋混合液，用铲子铺满铺平，然后转小火，放蔬菜丁；

⑤ 火腿片均匀摆在蛋饼上；

⑥ 菠菜旋转状轻轻摆在蛋饼上，不用刻意压入蛋饼中；

⑦ 另一颗鸡蛋打碎，蛋液倒在食材上；

⑧ 盖上锅盖，小火两分钟，把所有材料焖熟就可以了。

食材小 Tips

分享一个小窍门，把洋葱对半切开后，先泡一下凉水再切块，就不会那么刺激眼睛了。

土豆洋葱煎饼

　　早餐喜欢做煎饼，随自己喜欢，把各式材料混在一起，半玩乐地完成美食试验。杂蔬煎饼算不上饱腹主食，更像是糊弄小孩的零嘴，饭点还没到，孩子们却犯了馋，家里有什么就用什么，煎个喷香的油饼来打发馋嘴的顽童。

　　土豆和洋葱都很吸油，少油煎得软糯，多油炸得酥脆，口感全由自己掌控。煎土豆焦香，煎洋葱甘甜，再加上鲜咸的鸡蛋面糊，煎出来的面饼口感外焦内软，还未入口就有扑面而来的油香。如果觉得油重、油腻，可以挤些番茄酱在饼上，解腻的同时还有股酸甜，让人胃口大开。

　　炸物不健康，但许久不吃又会想得心痒痒，这时候我选择放下一本正经的养生学，管它什么热量和脂肪，炸上一锅金黄的油饼，尽享味蕾欢愉。人生在世，唯美食不可辜负。

食材：

土豆　1颗

洋葱　1颗

鸡蛋　1颗

面粉　150g

水　100ml

调料：

盐　适量

胡椒粉　适量

做法

① 把土豆和洋葱洗净切丁，不用切得太碎，1cm 左右比较有口感；

② 所有材料在一个大碗里混合均匀，加盐和胡椒粉调味，搅拌到略黏稠就可以了；

③ 平底锅中放少量油，开小火，用勺子挖一勺摊成面糊饼，尽量摊得平整；

④ 用小火慢慢煎，煎至两面金黄就可以了。

菠 菜 手 擀 面

　　春天万物复苏，这时的菠菜格外水灵，清炒多汁，吃一口淌着碧水的翠绿，似乎咬了一口春天。我爱菠菜，甚至爱它的清苦和干涩，索性从不焯水，尽量保留这份特别。也有人单纯爱这抹绿意，把菠菜泥混在面条里做成菠菜面。面条添了绿意又混入植物香，再浇上西红柿鸡蛋或臊子，吃起来格外爽滑可口，据说是陕西老乡格外喜爱的面食。

　　蔬菜混入面条，做成五颜六色的手擀面，现在多是妈妈为哄孩子吃蔬菜耍的小心思。绿的菠菜、红的胡萝卜、黄的南瓜、紫的紫薯，靠颜色引得孩子胃口大开。菠菜面盖的菜码和普通手擀面没有不同，西红柿鸡蛋和麻辣鸡丝码是我的最爱，口味重的还可以拌些辣酱。单是想想那份麻辣舒爽，就让人把持不住了。

食材：（两人份）	辅料：	调料：
面粉　200g	西红柿　1颗	盐　适量
菠菜　150g	鸡蛋　2颗	植物油　适量
清水　适量		

 ## 做法

1　先把菠菜洗净去根，焯水后取出沥干，挤掉大部分水分；

2　把沥干的菠菜切碎，用刀换着方向去切，尽量切成菠菜泥，如果有搅拌机也可以直接打碎成泥；

3　菠菜泥放到面粉里，加少许盐，边加水边和面，合成一个面团，菠菜泥和面团的混合是越揉越细腻，图省事的揉成我这样也可以，粗糙口感别有风味；

4　揉好的面团静置20分钟，饧好的面擀成薄面片，表面撒面粉折叠几层切成面条；

5　做好的面条如果一次吃不完，就多放些面粉防止粘连，卷起来放冰箱里储存；

6　烧锅开水，滚水下入面条，用筷子搅散防止粘连，煮熟后捞起控水，盖上菜码就可以了。除了西红柿鸡蛋码，还推荐麻辣鸡丝菜码，味道都非常不错。

食材小 Tips

春笋味甘性寒，属于发
物，吃的时候一定要控制
量，不能天天吃。

春笋香菇肉丝炒面

从小在北方，甚少吃到竹笋，来到南方才得此口福，从此欲罢不能。

据说，当年唐太宗对春笋极其迷恋，每年春笋上市，就要召集群臣共赴笋宴。其实，笋不是季节性蔬菜，而春笋这么令人挂念，是因为它是一年中最鲜美的笋。

立春一过，春笋破土而出，鲜脆爽口，嫩得流汁，无论是凉拌、煎炒还是熬汤，都异常鲜美。春笋上市时间短，想吃得赶早，过了清明就会逐渐变老，口感粗糙不再鲜嫩。这白驹过隙般的短暂美好，让这春笋更加珍贵。我做炒面选用的笋尖，是笋的尖嫩部分，口感鲜嫩，外形像极了少女的纤纤玉手。先大火爆香肉丝，再加春笋、香菇一起炒，放素菜滚透那股子猪油香。因为有笋，我连辣椒都没敢放，生怕破坏了春笋的清爽。

春笋香菇肉丝炒面，荤中有素，笋脆肉酥，嚼一口嘎吱作响，满嘴春天的味道。

食材：（两人份）

面条　两人份
春笋　一小把
猪肉　150g

辅料：

香菇　2朵
大蒜　2瓣
小葱　2根

调料：

盐　适量
生抽　适量
料酒　适量
植物油　适量

🍴 做法

1　食材合影，建议用拉面来炒比较有弹性；

2　猪肉切丝，用盐、料酒、生抽腌制5分钟，笋尖过沸水后切丝，香菇切片，葱、蒜切碎，把面条煮熟沥水后备用；

3　炒锅大火放少量油，先爆香蒜瓣，再放肉丝煸炒至变色；

4　放笋尖、香菇炒熟，用适量盐和生抽调味；

5　加入面条后转小火，翻炒均匀加葱花出锅。

橄 榄 菜 意 面

　　某胖离不开橄榄菜，每次瓶里还剩大半，就心心念念着再囤几瓶。看着他因橄榄菜青黄不接而忐忑不安，真是令人暗暗好笑。因为他喜欢，橄榄菜便成了家中必备，我也慢慢体会到橄榄菜的神奇之处。菜炒少了，用橄榄菜拌米饭，咸香可口。面条淡了，拌上一勺橄榄菜，加咸又提鲜，瞬间胃口大开。有次我把橄榄菜抹在馒头上吃，也是鲜美开胃。

　　意大利面与橄榄菜的搭配是从别处学来的，看到菜谱不由心头一震，暗自感叹发明者对材料的妙用。迫不及待一试，果然不负期望。拌了酱料的意面本身酸甜浓郁，再添上一丝橄榄菜的咸香，味道瞬间立体起来，有种中西合璧的奇妙体验。但我仍不满足，又煎了半熟蛋盖上，蛋汁裹着橄榄菜意面带来的舌尖快感，令人感动。

做法

食材：（两人份）

意面　两人份
鸡蛋　2颗

调料：

橄榄菜　适量
意大利酱　适量
胡椒粉　适量
橄榄油　适量

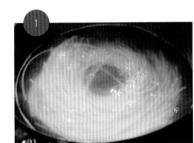

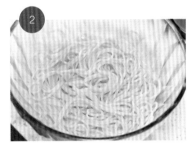

1　锅里烧开一锅水，水滚后将意面放下去，散开呈扇形，中大火开盖煮10分钟左右；

2　将煮好的意面捞出沥干，加几滴橄榄油拌匀；

3　意面中加入适量意大利面酱、胡椒粉、橄榄菜，搅拌均匀；

4　煎两个溏心蛋盖在拌好的意面上，完成。

和风鸡丝素面沙拉

　　我有点强迫症，但并不反复检查门锁，而是喜欢做细致而重复的工作。以前喜欢捏塑料袋气泡，做饭后便发掘了更多癖好，比如切土豆丝、剥青豆，而扯鸡丝又是其中最爱。先把鸡胸肉煮熟，晾到不烫手，顺着鸡肉的纹理把肉一丝丝扯下，在顺爽手感中思维减缓，心中慢慢出现大片湖泊，湖水如镜面般光滑，一切宁静美好。我常沉迷在这无意识的美妙中，等骤然醒来，鸡丝已经有了一大碗。

　　这是道充满夏天气息的日式沙拉，虽然不是全素，但口感清爽，是油腻过后调理肠胃的首选。因为加了鸡丝，略有几分四川鸡丝凉面的感觉，但切碎的洋葱、薄片的黄瓜，又让口感更加清爽。尤其是蛋黄酱的加入，把它的口味又拉向沙拉，是接近日本素面的清爽味道。

🍴 做法

食材：（一人份）

素面　150g

鸡胸肉　80g

辅料：

洋葱　1/5 颗

黄瓜　1/4 个

鸡蛋　1 颗

调料：

蛋黄酱　20g

日本酱油　适量

盐　适量

胡椒粉　适量

1. 食材合影；
2. 洋葱切丝，黄瓜切薄片，都尽可能切薄，越薄越好；
3. 洋葱丝泡清水 10 分钟，去掉辣味，黄瓜片用盐腌制 10 分钟，挤去水分；
4. 锅中放冷水，放入鸡胸肉中火煮熟；
5. 顺鸡胸肉的纹理撕成细丝；
6. 清水煮沸，先放鸡蛋煮两分钟，再放面条煮 3 分钟，这样面条熟了，鸡蛋刚好是溏心蛋；
7. 面条煮熟后捞出过冷水备用；
8. 将洋葱丝、黄瓜片、鸡丝一起盖在面上，放蛋黄酱、盐、胡椒粉、日本酱油搅拌均匀；
9. 切开溏心蛋，愉快地吃凉面吧。

牛 肉 酱 拌 面

据说，在古代很长时间里是禁吃牛肉的，不论黄牛还是水牛，吃了犯法。

现在，牛肉上了餐桌，是吃货们值得庆幸的事，终于可以安心吃牛肉了。牛肉酱在餐桌有着独特位置，分量不足以挑起餐宴大梁，但霸气十足，跟任何食材搭配，都成为引人垂涎的味蕾主角。这性情像极了北方爷们儿，由着性子横冲直撞，呼啸而来，奔腾而去，浓烈到没有一丝留白。牛肉酱吃法多变，跟馒头、荷叶饼、烙饼都非常登对，但我最爱的还是牛肉酱拌面。牛肉酱拌面做法简单得很，面条煮熟过冷水，与黄瓜丝、牛肉酱搅拌均匀，再盖个溏心蛋。半熟的蛋汁和面条纠缠入口的奇妙，只有吃过的人才知道。

食材：（一人份）

挂面　一人份

鸡蛋　1 颗

黄瓜　1/3 根

调料：

牛肉酱　30g

 做法

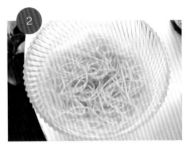

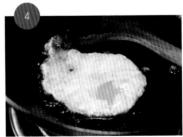

1　食材合影；

2　挂面煮熟过冷水；

3　把黄瓜切丝；

4　煎个单面溏心蛋；

5　挂面沥水捞出，和黄瓜丝、牛肉酱搅拌均匀，配瓣生蒜开吃。

秋葵金针菇荞麦面

　　这是道无油面食，鸡蛋、秋葵、金针菇清水煮熟，盖在冷荞麦面上，只需用日式酱油调味即可，咀嚼中能品到荞麦面的阵阵麦香。这碗面有蔬菜的多重口感。秋葵酥脆清新，金针菇满满的韧劲，和嫩滑的荞麦面一起入口，口感丰富，令人难忘。冷面里很适合配炸物。酥脆的日式炸虾为这碗面添了活力，一口油香一口冷面的吃法再合适不过。

食材：（两人份）

荞麦面　两人份

鸡蛋　2颗

金针菇　30g

秋葵　4只

鲜虾　6只

面包糠　适量

调料：

盐　适量

胡椒粉　适量

日本酱油　适量

植物油　适量

做法

1　食材合影；

2　秋葵和金针菇洗净，秋葵过沸水1分钟捞出，金针菇两分钟捞出，鸡蛋煮8分钟捞出；

3　锅中放适量水烧沸，下荞麦面煮5分钟，然后捞出泡入冰水，沥干备用；

4　鲜虾去壳，放少量盐、胡椒粉腌制5分钟；

5　腌好的虾先裹淀粉，再裹鸡蛋液，最后蘸满面包糠；

6　炒锅放适量油，蘸满面包糠的虾两面炸至焦黄；

7　用日式酱油加清水调制成汤头，倒入碗中和荞麦面搅拌均匀，再摆上所有食材即成。

食材小 Tips

蘸料根据自己口味调
制，用日式鲣鱼酱油
煮葱白味道很不错。

日 式 荞 麦 面

日本漫画常有对美食的描写。对荞麦面的最初印象来自《樱桃小丸子》。小丸子为买年越荞麦面几经辗转，结尾处，一家人围坐在一起吃荞麦面的场景，平凡又温暖。

荞麦面是朴素的美食，粗粮制作，无油无脂，也没有复杂的配料，有种闲适脱俗的古典气质。做法大体分热食和冷食两种。热食荞麦面的高汤要用柴鱼花熬制，清水与柴鱼花10：1比例，中火煮20分钟，用滤网滤出汤汁，下荞麦面煮熟即可。相比之下，我更迷恋冷食荞麦面的冰爽口感。清水煮熟荞麦面，捞出后泡冰水，洗去多余的淀粉，使面条不易粘连，口感更为爽滑、筋道。配料制作也很简单，日式酱油两大匙，纯净水少许，砂糖少许，芥末适量，味精少许，日式醋少许，可根据自身口味添加葱白、白萝卜泥、海苔碎。有风的初夏，夹一绺细面，在配料里摇摆两下，就着小碗嘬进口中，先是清凉鲜甜，随着咀嚼溢出稻香，还有零星芥末带来的惊喜，一切妙不可言。

我在日本旅行时，有幸吃到很棒的荞麦面，口感质朴清爽，配料也恰到好处。磨山葵是日式荞麦面里有趣的环节，一截新鲜山葵，一个小搓板，作为《孤独的美食家》的"大叔脑残粉"，这足以让我兴奋不已。新鲜磨出的山葵泥呈青绿色，口感比管装芥末清淡，还有一股特有的青草香，没忍住直接吃了一点，辛辣依旧，很爽。曾经看过日本吃面要嘬出声音，表示食物好吃，也是对料理人的尊重。调整好口型，吸溜一大口，声音有了，配料也甩了一脸。看来，想优雅地表示尊重，可不是件容易的事。

食材：（两人份）
荞麦面　两人份
辅料：
葱白　15g
海苔丝　适量
调料：
生抽　适量
老抽　适量
芥末　适量

做法

1　食材合影，材料都简单易得；

2　先把葱白洗净，切成葱碎；

3　把生抽、老抽加适量清水倒入锅中，煮开后放入葱白碎烫一下，为的是减少葱白的辛辣，然后把蘸料放到冰箱里冷藏；

4　荞麦面煮熟后捞出放入冰水中，让面条降温并且更有弹性，待面条完全冷却后捞出控水备用；

5　荞麦面摆盘撒海苔丝，冷藏好的蘸料中挤适量芥末，一口一口地蘸着开吃吧。

食材：（两人份）

吐司　4片
培根　2片
卷心菜　40g
鸡蛋　2颗

调料：

黑胡椒　适量
沙拉酱　适量

沼 三 明 治

早餐肯定少不了三明治，把面包片烤得焦香，培根、炸鸡、蔬菜，夹什么都是美味。

沼三明治是三明治界的新宠儿，据说是日本陶艺家大沼道行的太太为他特别制作的爱心早餐，因此也被叫作沼夫三文治。与起司火腿三明治相比，沼三明治中加入大量卷心菜沙拉，看着塞得快爆炸的三明治，还没入口就让人格外满足。卷心菜有股植物的甘甜，嚼起来"咔嚓"作响，给人超过瘾的脆爽感；而沙拉酱带来极具层次的咸香，让口感更加湿润充盈，好吃得让人不禁哼出声来。最难得的是沼三明治热量不高，这大概也是它备受追捧的原因。

 ## 做法

1. 先把鸡蛋煮熟，切成大块，撒一些黑胡椒；

2. 卷心菜切细丝，拌上超多沙拉酱；

3. 培根无油煎至焦黄；

4. 把培根、卷心菜丝、鸡蛋堆在吐司片上，尽可能地多放一些；

5. 把两个放好料的吐司片合并，从中间切开；

6. 用三明治纸折个小盒子，把三明治放进去，完成。

食材小 Tips

如果没时间折盒子，就像拧糖果那样把两边拧起来，非常方便。

日 式 炸 鸡

炸物总是好吃得让人欲罢不能，不管是炸肉还是炸蔬菜，那种酥脆的油香都令人难以抗拒。

日式炸鸡块是经典的日式料理，跟盐酥鸡相比，日式鸡块切块更大、汁水更多，口感是一样酥香松软，夏日里配着冰啤酒简直无敌。细说日式炸鸡的特点，因为鸡块切得较大，不仅吃着过瘾，还很好地保留了鸡肉的汁水，让口感更香嫩。另外，鸡块炸变色后要捞出，再回锅复炸一次。复炸后的外壳格外焦脆，但内心依然软嫩多汁。一口下去，肉汁满口，这口满足可以抚慰世间一切孤寂。搭配生菜可不是为了摆盘，生菜裹着炸鸡入口，多了一丝鲜甜清爽，消灭一大碗也不觉得油腻。

食材：（两人份）

鸡腿　1 个
鸡蛋　1 颗

辅料：

姜块　适量
大蒜　适量
淀粉　适量

调料：

盐　适量
料酒　适量
生抽　适量
胡椒粉　适量
植物油　适量

1　食材合影，尽量选择带鸡腿跟的大鸡腿；

2　蒜瓣和姜块擦成泥，必须是泥状，切成粒的话会有颗粒感，吃起来不爽；

3　鸡腿洗净剔骨，去掉皮下脂肪，切成适合人口的大小，加料酒、盐、酱油、胡椒、蒜泥、姜泥抓匀腌 30 分钟；

4　倒入淀粉和全蛋液；

5　用手把所有料和鸡肉抓均匀，腌制 5 分钟；

6　锅里倒油烧热，中火炸鸡块，变色后捞出，然后再复炸一次至金黄；

7　用厨房用纸吸油后完成，吃炸鸡配啤酒最棒！

食材小 Tips

鸡柳切成小指头粗
细，比较容易入味。

炸 鸡 柳

大街小巷随处可见炸鸡柳，看着裹好面包糠的鸡柳在油锅里翻滚，让人垂涎欲滴。炸鸡柳做法简单，先将鸡胸肉用刀拍松散，再用调料腌制，然后裹上尽量多的面包糠用小火炸熟，最后根据自己口味选择番茄酱、孜然、辣椒粉。炸鸡柳香味扑鼻，口感外酥内嫩，唇齿留香。

食材：（两人份）	配料：		
鸡胸肉　300g	盐　适量	面包糠　适量	
鸡蛋　1颗	料酒　适量	植物油　适量	
	淀粉　适量		

做法

1. 鸡胸肉洗净后，先用刀拍松散，再切成细条，这样炸出来口感更酥脆；

2. 鸡柳加适量盐、料酒、淀粉、鸡蛋搅拌均匀，腌制半小时或者放冰箱冷藏过夜；

3. 将腌好的鸡柳蘸满面包糠；

4. 将油烧至四成热，把蘸满面包糠的鸡柳放入油中炸至金黄；

5. 炸好的鸡柳捞出后放在厨房用纸上，吸油后更健康；

6. 摆盘后配上自己喜欢的酱汁即可。

土 豆 丝 火 腿 煎 蛋

小时候，孩子们的娱乐活动少，一群六七岁的孩子像蝗虫一样到处找野味，连蚂蚱都穿起来烤着吃，不是为了饱腹，纯粹是玩乐、过嘴瘾。炎热的中午田里没人劳作，我们经常顶着烈日走很远的路，去郊区田地里"捡土豆"。这些来路不明的土豆，断不敢拿回家去，偷偷烤了吃是唯一的选择。土豆丢进火堆，烤成焦黑一块，掰掉外面炭化的硬皮，咬一口烫嘴又没味，要细细咀嚼才能品出淀粉的香甜，而且是越嚼越有味。那段鬼鬼祟祟，吃得浑身炭灰的岁月，是我对土豆的最初印象。

由于孩童时的愉快回忆，我对土豆尤为喜爱。在土豆的千般做法中，我最爱土豆炒火腿。土豆口感好，易入味，而火腿特有的浓郁咸香渗进土豆里，格外软绵浓香，再加上一个淌汁的溏心蛋，是无人能够抗拒的美味。

做法

食材：（两人份）

土豆　1颗

火腿　1根

鸡蛋　2颗

调料：

盐　适量

胡椒粉　适量

植物油　适量

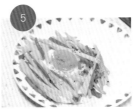

① 土豆去皮后切成细丝，火腿肠切丝；

② 把土豆丝和火腿丝稍微混合；

③ 平底锅里倒入少许油，将土豆丝和火腿丝倒入锅中翻炒；

④ 待炒香变软后，整理好形状，打入鸡蛋，小火煎4分钟；

⑤ 喜欢全熟的还可以继续煎熟，喜欢半熟的就能出锅了，出锅后在表面撒上胡椒粉即可。

春笋杂蔬素锅

什么季节吃什么菜。春暖花开的季节，如果不吃上几顿本季的春笋，真是对不起上天的馈赠。

笋尖是春笋最嫩的那口，收获季节短，在菜场遇到纯属缘分。遇到这样的珍贵食材，只有素炒才是最大的尊重。这道素锅通过素炒最大限度地保留了笋子的清新，加上爽口的扁豆，清甜的玉米，一切都自然而然保留原味。而香菇在素锅里起到至关重要的作用。香菇吸饱了汤汁变得口感肥嫩，素锅也不再那么寡淡无味。

食材：（两人份）

春笋　30g

香菇　2 朵

扁豆　20g

圣女果　7-8 个

玉米　1 根

辅料：

大蒜　3 瓣

调料：

盐　适量

鲍鱼汁　适量

植物油　适量

做法

① 所有食材合影；

② 将春笋去皮，切成小段，过沸水；玉米煮沸后切成块；扁豆清洗后去筋；香菇洗净后切片；圣女果对半切；蒜瓣切成碎；

③ 中火少油，先把蒜蓉爆香，然后放春笋翻炒至半熟，再放扁豆、香菇片炒熟；

④ 加适量盐、鲍鱼汁，翻炒均匀，如果怕干锅，可加少量清水；

⑤ 最后放圣女果，只要稍微翻炒入味即可；

⑥ 出锅摆上煮好的玉米块，清肠胃的春日素食完成。

土豆泥沙拉

记得日剧里有一幕，女主角独自坐在幽暗小店，想着心事滚出热泪，赌气似地大勺吃着土豆泥沙拉。究竟是哪部日剧我早已忘得干净，只有土豆泥沙拉的特写长镜头牢记心中。那时候我就在想：这像冰淇淋似的淡黄食物，看起来很好吃。

直到多年以后，当西餐开始普及我才吃到土豆泥沙拉。沙拉的加入是土豆泥的新生，口感香滑软糯到令人沉迷，从此我爱土豆泥沙拉到不能自拔。这次做的是日式土豆泥沙拉。黄瓜切成薄片，洋葱和火腿切粒，再加入熟玉米粒，一口即有多层次的味蕾体验。沙拉泥中偶尔蹦出的一丝爽脆甘甜，让整个享用过程也变得有趣起来。

食材：

土豆　2个

火腿　30g

洋葱　25g

玉米粒　30g

黄瓜　30g

调料：

盐　适量

黑胡椒　适量

沙拉酱　适量

 做法 -

① 土豆隔水蒸熟，装保鲜袋里面用勺子压烂成泥；

② 黄瓜尽可能切成薄片，火腿和洋葱切粒，玉米粒煮熟；

③ 把土豆泥、黄瓜片、火腿、洋葱混合，再加入盐、黑胡椒、沙拉酱搅拌均匀；

④ 用勺子把食材整理成一口大小，摆盘开吃。

食材小 Tips

如果是在夏天，土豆泥沙拉冷藏一下会更好吃。

香 辣 卤 鸡 爪

　　身边爱吃鸡爪的几乎都是女人，某胖就从来不沾。每次看到我啃得不亦乐乎，他总是不屑地说："那么费劲，还吃不到一口肉！"卤鸡爪的乐趣在于丝丝肉肉的嚼劲，只懂得大口吃肉的人又怎么会懂得其中的美妙！

　　卤鸡爪不能饱腹，只是解嘴馋的休闲小食，我自揣测，正是因为它筋多肉少，让减肥的人也啃得毫无压力，因此格外讨女人喜欢。鸡爪大抵只有鸡皮和筋骨，鸡皮炖得软糯入味，嘬一口全是炖料的浓香。鸡皮裹着筋骨一起撕下，呛口的麻辣肉香令人大呼过瘾。我放的花椒足，麻劲大，吃上几个嘴唇都没了知觉。在炎炎夏日，吃卤鸡爪配冰镇啤酒让人格外惬意。啤酒解了鸡爪的咸辣，让夏日困顿的味蕾在麻辣和冰爽中绽放。

食材：（两人份）	调料：		
鸡爪　500g	姜片　2-3片	八角　4-5个	生抽　适量
	干辣椒　10根	桂皮　2-3个	老抽　适量
	花椒　3g	冰糖　15g	盐　适量

 做法 - - - - - - - - - - - - - - - -

① 将鸡爪洗净剪掉指甲，放入冷水中烧开去除杂质；

② 捞出鸡爪，泡洗干净备用；

③ 准备卤料，有姜片、干辣椒、花椒、八角、桂皮、冰糖；

④ 锅内放适量清水，放入所有卤料，再加适量的盐、生抽、老抽，最后将鸡爪放入卤汁中，水要漫过鸡爪，
大火烧开后转小火慢炖，炖至鸡爪皮软烂即可。

食材：（两人份）　辅料：　调料：

培根 6片　　鸡蛋 2颗　　大蒜 3瓣　　盐 适量　　胡椒粉 适量

鸡肉 150g　鸡蛋 1/4颗　　　　　　　生抽 适量　　植物油 适量

鸡翅根 4根

漫 画 肉

漫画肉是从漫画里走出来的料理，造型独特，口口是肉。洋葱鸡肉馅烤到流汁，与熟鸡蛋一起咬下，奇妙的口感令人幸福不已。漫画肉是海贼王路飞最爱吃的，走到哪里都大嚼大咽。记得娜美曾说："路飞，你别光吃肉，偶尔也要吃点绿色蔬菜。"我被这句话莫名戳到笑点。

看到我在做漫画肉，某胖像孩子般雀跃，从各式材料里他已经估算出味道不错。当烤箱飘出阵阵肉香，他开始不安分起来，不时溜到厨房探头探脑地张望，令人忍俊不禁。漫画肉既圆了我的漫画梦，又满足了他大口吃肉的愿望，而制作过程像极了儿时过家家，几片树叶撕开伪装成炒菜，把土压实伪装成馒头，而漫画肉也是把各种材料裹在一起伪装成肉。在这有趣的伪装游戏里，我似乎回到了只有漫画和零食的童年。

做法

1. 食材合影，先把鸡蛋煮熟，剥壳备用；
2. 把鸡肉剁碎，用盐和生抽腌制入味；
3. 洋葱切碎，少油小火爆香；
4. 把鸡肉和洋葱混合，入烤箱 150℃烤 5 分钟，至半熟；
5. 用剪刀把翅根细头上的肉剥下，粗头上的肉要保持连着骨头的状态，在剥下的肉上竖着剪几刀，并且往上翻，下面铺三片培根，将翅根沾上淀粉和熟鸡蛋一起放到馅料上，用翅根包住鸡蛋；
6. 培根两边内折卷起来，然后从两头整理好形状；
7. 入烤箱 230-250℃烤 15 分钟后拿出，涂上生抽和蒜泥，再烤 8 分钟出炉；
8. 撒上胡椒粉，切开完成。

哪怕是一个人吃早餐，也要认真对待。生活中所有的一切都从早餐开始，好好吃早餐，才有力量去迎接生活中意外的小幸福。

有时我们想吃食物与饥饿无关，只是因为感到寂寞，希望有温暖的食物相伴。它们像个盖世英雄，虽没有五彩祥云，却真切地拯救了我们心里的寂寞。

温暖、醇厚的食物，不仅能填饱肚子，还能给你带来无以言表的安全感，治愈孤独、受伤的心灵。

Chapter 4

温暖相伴，治愈孤独的早餐

食材：（两人份）

隔夜米饭　两人份

鸡蛋　2颗

青豆　适量

胡萝卜　半根

玉米粒　适量

培根　2片

辅料：

大蒜　3瓣

调料：

盐　适量

生抽　适量

植物油　适量

蛋 包 饭

　　单身的时候常做蛋炒饭，米饭蒸好放入冰箱，每次取一份，炒肉丝、炒鸡蛋，懒得买菜的日子就炒辣酱，一个人吃得满嘴油光，自在又满足。我成家后也经常做炒饭，但菜码变得丰富起来，或者配上几个荤素炒菜，倒不是某胖有多挑剔，而是我已为人妻，若让两人吃饭都应付了事，总有点过意不去。

　　不过，蛋包饭是个例外，它完全不需配菜就足以撑起丰盈的一餐。蛋包饭是用蛋饼把炒饭包住，再淋上喜欢的酱汁，用勺挖着吃。在蛋包饭上用酱汁作画最近很流行，这也决定了蛋包饭的形状，月牙形的适合写字母，圆形适合画笑脸。不想配酱汁的，就学我做成花朵形状，一样浓情蜜意。炒饭的用料随自己喜好，我推荐青豆、玉米、胡萝卜，因为颜色鲜亮，切开蛋皮看着五彩食材滚落，有拆礼物的愉悦感受。

 做法

①　食材合影，把青豆洗净、萝卜切丁、培根切块，蒜瓣切碎；

②　炒锅放少量油，大火先把蒜蓉爆香，再放培根、青豆、萝卜丁炒熟；

③　放隔夜米饭翻炒均匀，用隔夜米饭是因为这样米饭水分变少，炒出的米饭颗粒分明，口感劲道；

④　加适量盐和生抽，翻炒均匀，盛出备用；

⑤　鸡蛋打散，放少量盐，平底锅中放适量油，用中火摊鸡蛋饼；

⑥　当蛋液快凝固的时候，在蛋皮中间放上炒好的米饭；

⑦　用蛋皮把米饭从四边包起来（想包成蛋饺状就把米饭放到一边后对折）；

⑧　倒扣在盘子上，切十字刀翻开，像花朵一样的蛋包饭完成。

食材小 Tips

煮好的意面用油拌匀，炒
的时候不会粘连，而且可
以增加它的口感。

虾 仁 炒 意 面

鲜虾是最易做的海鲜，红烧、白灼，怎样做都鲜美诱人。

虾仁炒意面，先把虾仁剥壳抽线，爆炒至变色，然后把洋葱炒香和意面一起翻炒，最后放入虾仁调味。虾仁娇嫩易熟，选择最后入锅是减少过度烹饪，保留营养价值的同时，口感也更嫩滑。

做法

食材：（两人份）

意面　两人份
虾仁　30g
洋葱　1/2 颗

调料：

盐　适量
胡椒粉　适量
番茄酱　适量
植物油　适量

① 先把虾仁洗净，去壳抽线后用盐和胡椒粉腌制 5 分钟，中火炒熟；

② 把洋葱切丝，炒锅预热后放入植物油，大火爆炒洋葱丝至变软；

③ 意面煮好后沥出，放入炒锅与洋葱一起拌炒；

④ 加入虾仁，加适量番茄酱、胡椒粉调味。

Good morning , breakfast

鲜虾番茄炒面

　　鲜虾和番茄常与意面搭配，而这次把意面换成中式面条，让看似异域的炒面吃出家乡卤面的味道，口感不能再妙。其实，从做法上就能想到是妥妥的中式口感。青椒爆香后和番茄翻炒至出汁，再加入虾仁，最后倒入熟面条拌炒入味即可。虾仁吸饱番茄的汤汁，混着鲜香的炒面，好吃得停不下来。

 做法

食材：（两人份）

面条　两人份
西红柿　1 颗
虾仁　30g

辅料：

青椒　2 根
小辣椒　2 根

调料：

盐　适量
胡椒粉　适量
糖　适量
生抽　适量
植物油　适量

1　鲜虾剥壳去线，用盐和胡椒粉腌制 5 分钟，西红柿切块，小辣椒切宽丝；

2　面条煮熟后过冷水，捞出备用；

3　炒锅放少量油，大火爆香小辣椒；

4　放入番茄，放适量糖转中火翻炒至出汁；

5　加入腌制好的虾仁，翻炒至变色；

6　面条入锅，加适量盐、生抽调味即可。

鲜 虾 乌 冬 面

　　一碗好吃的乌冬面有两个关键：面和高汤。正宗的日式乌冬面，高汤要用柴鱼和昆布熬制，出汤色泽清澈，鲜香浓郁，喝一口能鲜到眉毛。讲究的还可以自己手打乌冬面，但决定之前仔细思量一下，确定自己有足够的时间和体力。乌冬面的面团制作比较辛苦，要反复揉搓和饧制。据说手工乌冬店里是直接用脚踩。听起来不雅，但做出的面条劲道十足，比真空包装的乌冬面强了百倍。浇了高汤的乌冬面可以随意组合各种海鲜，蛤蜊、鱿鱼花、蟹棒。我选择油炸大虾完全是贪恋那点虾油。早晨吃一碗混着虾油的乌冬面，全身的毛孔瞬间都舒畅了。

食材：（一人份）

乌冬面　一人份

高汤　一人份

鲜虾　4、5 只

辅料：

西兰花　4 朵

玉米　适量

鸡蛋　1 颗

胡萝卜花　适量

调料：

盐　适量

料酒　适量

姜片　适量

胡椒粉　适量

做法

① 食材合影，先把鸡蛋和玉米煮熟备用；

② 把鲜虾切开上下两边，清理泥线，用盐、料酒、胡椒粉腌制 5 分钟；

③ 炒锅烧热，大火少油，先爆香姜片，再放鲜虾爆炒至焦黄；

④ 煮锅放适量清水煮沸，放乌冬面，面快熟时放西兰花，这样乌冬面和西兰花差不多同时煮熟；

⑤ 乌冬面捞出控水后放入碗里，倒入适量的高汤，放油爆虾、西兰花、玉米粒、溏心蛋、胡萝卜花，摆盘开吃吧。

腊肉煲仔饭

　　天冷的时候总喜欢吃些烫烫的东西。我曾经很爱一家苍蝇馆子，那里只做煲仔饭。店很小，门口有个长方形的炉灶，两排灶眼放满十几个黝黑的砂锅。店虽简陋却常常爆满，尤其在寒冷的冬天，路人缩着脖子挤进店来，一锅煲仔饭热气腾腾地下肚，浑身热络舒展。

　　为了做煲仔饭，我专门从菜场拎回两个砂锅，材料、做法都尽量讲究。米饭要用小火熬制，腊肉选择肥瘦相间的，煲仔饭中的料汁也是精心调制，直接用酱油会比较单一，选择生抽等多种调料混合，才能得到更具层次的香醇。最后一点，酱料务必要在上桌前淋在饭上。"嗞嗞"的响声过后，焦香入味的米粒混着四溢的腊香袭来，这才叫作煲仔饭。还有焦香的锅巴不能放过，虽然只有薄薄一层，但色泽金黄、干香脆口，嚼起来真是回味无穷。

食材：（一人份）

腊肠　50g

大米　100g

青菜　1颗

鸡蛋　1颗

调料：

老抽　1匙

生抽　2匙

白糖　1匙

白开水　3匙

麻油　少许

 做法

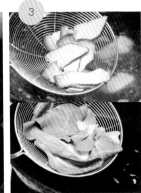

1. 食材合影，大米洗净提前浸泡30分钟以上；

2. 浸泡好的大米放适量清水，并在水里滴几滴油，用砂锅大火煮焖3分钟左右，转为小火继续焖煮；

3. 趁着煮饭间隙，把腊肉和青菜焯水；

4. 米饭煮到水还有少许，饭的表面冒均匀细泡泡时，把切好的腊肉和青菜铺在饭的表面，加盖焖5分钟，等腊肉焖熟后打个鸡蛋在中间，并沿着锅壁一圈倒入少许的油，这样可以有锅巴；

5. 开始调制煲仔饭酱汁，生抽两匙＋老抽1匙＋白糖1匙＋白开水3匙＋少许麻油调匀即可；

6. 关火，把调好的料汁均匀浇在饭上即可；

7. 把饭菜拌匀，用勺子舀着吃最棒。

榴 莲 酥

小时候很少看到新鲜榴莲，只在书本上得知它味道特别。某次偶得一颗榴莲糖，拿在手里犹豫许久，还是满怀好奇地撕开包装，当闻到丝丝甜香，戒心便去了一半。塞进嘴里细细品味，先是平静的甘甜，紧接着一股怪味满嘴乱窜，咸中带臭，让我措手不及，慌忙吐掉，从此把榴莲和臭鸡蛋画了等号。

虽然有童年这次阴影，但我好奇不减，长大后又吃过几次榴莲，可还是不能欣赏。直到一次广州旅行，在街头小贩手里买到刚刨出来的榴莲，吃了一口方才知道，这么多年真的错怪了榴莲。由此明白，新鲜与否对于榴莲何等重要。榴莲久放后水分干枯，食如嚼蜡，只有新鲜榴莲才有那奇异的果肉浓香。而用这口异香做馅，做出的榴莲酥外皮酥脆不腻，内馅软绵甜爽，那股浓香令人回味无穷。

做法

食材：

千层酥皮　适量

（千层酥皮做法详见樱桃千层酥）

榴莲肉　适量

鸡蛋　1颗

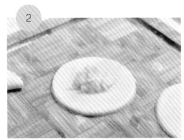

① 千层酥皮用模具刻出圆形；

② 坯子上先刷上一层蛋液，榴莲肉捣碎放在中间；

③ 像包饺子一样把榴莲肉包住；

④ 包好的榴莲酥摆入烤盘，单面刷上全蛋液；

⑤ 烤箱预热200℃，上下火烤15分钟即可。

辣白菜五花肉炒饭

提到韩国，就离不开长腿欧巴和韩式泡菜，两者都令人垂涎。

《天桥风云》是我看的第一部韩剧，高颜值欧巴唤醒了我的少女心，各种非死即残的剧情，也骗走不少眼泪。但韩剧对我来说就像鱼食对鱼，吃过即忘，等到成年后就再提不起兴趣。但是，每当瞅见朋友看韩剧，我还是忍不住凑过去看，因为韩剧的吃喝画面太过养眼。

我自揣测，韩国人定是很爱吃的，因为你看：恋爱要吃，吵架要吃，吵完架开家庭会议肯定还是一顿吃。在这些吃的剧情中，韩国小户人家的晚餐情景最为美好，一家老小围着餐桌跪坐，餐食彼此堆叠，伴着喃喃低语，在昏黄的灯下手影交错，剧情如何已经不重要，仅仅这橙黄的画面，已让人感到食物带来的暖暖慰藉。

辣白菜是韩国泡菜的代表，口感清爽，内涵丰富，酸甜辣咸尽在其中。带皮五花肉本是大油，但辣白菜的加入让油香里带了几分酸甜，解腻又提食欲，再加上浸满汤汁的米饭，滋味绝妙。

食材：（两人份）

剩米饭　两人份

五花肉　200g

辣白菜　100g

鸡蛋　一颗

辅料：

韩式辣椒酱　适量

海苔碎　适量

🍴 做法

① 食材合影，用隔夜米饭更能炒出干爽弹牙的口感；

② 平底锅不用放油，开中火，筷子夹住五花肉烫皮，五花肉的每个面都要烫至焦黄，这样可以减少肥腻，还能让五花肉口感更弹爽；

③ 把五花肉冷却后切成薄片，直接用刚才烫皮出来的猪油翻炒，直至变色；

④ 把辣白菜切几刀，放入锅中和五花肉一起翻炒，让两者充分混合；

⑤ 放入隔夜米饭，放适量韩式辣椒酱；

⑥ 要不停翻炒，防止粘锅，让饭粒均匀沾满辣椒酱；

⑦ 出锅后可以盖个煎蛋，撒些海苔碎更具韩式风味。

食材小 Tips

捏饭团时建议先用水湿手，这样米饭就不容易黏手。

奶酪片烤饭团

作为芥末爱好者，我格外喜欢吃寿司。把各种材料卷入米饭里，蘸着那抹辛辣入口，是种让人战栗的美味。捏饭团比做寿司简单，只要把所有材料混合，用手捏成三角形或圆形即可。因为躲过了卷海苔的环节，做起来格外轻松。在用料上面也非常随意，肉松、培根、鲜蔬水果都是常见的材料。米饭对材料的包容性，让做饭团成为我清理冰箱的首选。

在父辈眼里，饭团就是捏起来的炒饭，吃到胃里更是跟炒饭没有不同，这个看法也无不妥。但这次的奶酪片烤饭团是个例外。因为奶酪的出现，饭团从口感上有了微妙的变化，多了一份浓郁香滑，饭团也终于摆脱了手捏炒饭的嫌疑。家里冰箱有些余料，而你恰巧有吃日本料理的心情，来份烤饭团，绝对是不错的选择。

食材：（一人份）

米饭　一人份

培根　1片

西兰花　2朵

奶酪片　2片

辅料：

海苔　1片

熟芝麻　适量

调料：

黄油　15g

芥末　适量

日本酱油　适量

做法

① 先把培根切碎，不用放油，用小火在煎锅炒香；

② 西兰花煮熟焯水后切碎，和米饭、培根碎、熟芝麻、黄油混合在一起，建议直接用手混合均匀，因为手温的关系黄油会慢慢融化，香味也在混合中慢慢显现，因为培根有咸味所以不用放盐；

③ 用手把饭团捏成鸡蛋大小，软硬适中，形状随自己喜好；

④ 在饭团下面铺一块海苔，上面放一块芝士片，放进预热好200℃的烤箱，烤8分钟，使奶酪片融化，整个饭团温热；

⑤ 烤饭团的同时，切几根培根丝，用平底锅煎至焦脆；

⑥ 取出烤好的饭团，摆上培根丝装饰，蘸日本酱油和芥末一起入口，非常棒。

食材小 Tips

秋葵不易炒得过久，最后加入是
为了保持其脆爽的口感，在秋葵
变软后就赶紧出锅吧。

秋葵蛋炒饭

认识秋葵君是在日本动漫中，在它酷似青椒的外形下，我无法想象它如何在拉着黏丝的同时，又保持口感清爽鲜嫩，直到这两年在菜场遇到本尊，才一解多年疑惑。秋葵现在还不常见，每次在菜场遇到我都会买上一些，围上几天做各式秋葵料理。

对于如此小清新的食材，一定要温柔对待，最适合的做法是白灼和清炒，红烧、爆炒我是绝对下不了手的。最简单的是冰镇秋葵。整个秋葵洗净焯水，用日本酱油和芥末凉拌，在酷暑时冷藏后食用，它就是拯救夏日混沌的绿色英雄。秋葵和鸡蛋一起炒饭，口感柔滑香嫩，秋葵特殊的植物原香在口齿间蔓延，闭上眼睛，幻想自己在啃食一片森林。切秋葵也是令我雀跃的事，看到一个个小星星从刀下鱼贯而出，连我这个少妇都激出了粉色的少女心，真是可爱得一塌糊涂。

 ## 做法

食材：（两人份）

秋葵　4-5根
鸡蛋　2颗
隔夜米饭　两人份

调料：

盐　适量
生抽　适量
植物油　适量

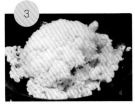

① 食材合影，清洗秋葵时先将盐抹在秋葵表面，再擦洗干净，就能把表面绒毛洗掉了；

② 秋葵去蒂后切成薄片；

③ 把两个鸡蛋打散，加适量盐，把炒锅烧热放适量油，中火，倒鸡蛋液入锅，翻炒成鸡蛋碎后把米饭倒进去；

④ 把米饭和鸡蛋碎拌炒均匀，放入秋葵片；

⑤ 秋葵片与米饭、鸡蛋一起翻炒，炒至秋葵变软，然后加入适量盐、生抽，拌炒均匀出锅。

日式亲子丼

　　亲子丼，这个名字看似有趣，却内藏残忍的真相。最常见的是鸡肉亲子丼，其中的"亲"代表鸡肉，"子"代表鸡蛋，有人开玩笑说，这是道满门抄斩的残忍美味。

　　撇开这份残忍不谈，单说这份美味着实令人无法抗拒。鸡肉亲子丼材料易得，是将鸡腿肉剔骨，小火煎酥表皮，切块后用酱汁煮熟，再打入蛋汁焖熟。蛋汁很有讲究，一是不要打散，为的是享受蛋黄和蛋清的双重美味；二是不能全熟，淌汁的半熟蛋混着米饭入口，鲜美异常。

　　亲子丼操作简单，煎肉焖蛋一次完成，盖在饭上就成了无敌美味。挖起一勺，鸡肉、鸡蛋夹着米饭一口吃下，半熟的蛋液渗透在米粒中的鲜美，口感湿润鲜滑。鸡皮煎过的香，鸡肉炖出的鲜，美妙得让我不禁哼出声来。

　　某胖知道这典故后，很爱就此打趣，自嗨于各种模仿：

　　"哦～孩子，孩子，你怎么也在？"

　　"哦～妈妈，妈妈，我好想你啊！"

　　"啊，不要，不要吃我的孩子"

　　"妈妈救我，救我，啊！不要！"

　　……

　　我的回应一般是："要不你别吃？"瞬间结束这拙劣的模仿。

　　既然已经成为美味，还是狠下心肠，不要去细想丼物母子在餐桌上团聚的心情比较好，好好享受美食才是要紧的事。

食材：（两人份）	调料：
鸡腿　2根	清酒　1汤匙
鸡蛋　2颗	生抽　1汤匙
洋葱　1/2颗	料酒　1/2汤匙
热米饭　两人份	砂糖　1/2汤匙

做法

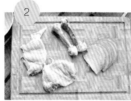

1. 食材合影，选择健硕的鸡大腿；

2. 把鸡腿肉去骨，并且剔去多余脂肪和鸡皮，把洋葱切成粗丝；

3. 两枚鸡蛋打入碗中，挑断蛋白系带，稍微搅拌就可以了，不用彻底打散，保留蛋白与蛋黄不同的口感；

4. 接下来调制料汁，半碗水加1汤匙清酒、1汤匙生抽、1/2汤匙料酒、1/2汤匙砂糖，混合均匀待用；

5. 把平底锅烧热，将鸡肉皮向下，中火煎到表皮出油酥脆，这样可以逼出多余油分，只煎单面至金黄出锅，然后把鸡肉切成一口大小；

6. 煎过鸡肉的锅先用厨房纸巾擦去多余的油分，再把调好的料汁倒进锅里，烧开后加洋葱丝煮软；

7. 把鸡肉块放入锅中煮熟，中途撇去浮沫，然后加入一半的蛋液，盖上锅盖煮半分钟左右；

8. 再加入剩下一半的蛋液，煮十几秒略凝固后撒葱花出锅，盖在米饭上开吃吧。

食材小 Tips

因为鸡蛋是半熟所以一定要足够新鲜，7天内的新鲜鸡蛋是最好的。

日 式 炸 猪 排

　　我和朋友去日本玩了几天。四个吃货成行,不出意外地忽略沿途风景,整日奔波于觅食和吃喝里,以至于回来别人问起,我脑子里翻滚而过的全是拉面和寿司。

　　我对细节的观察力,有九成体现在觅食上。漫步在日本街头,猛地发现小巷里隐约排着队,心中窃喜,不是大甩卖,就是绝味美食。这才发现一家隐藏颇深的小店,炸猪排是它家招牌,虽然厚度惊人,却脆得掉渣,鲜得淌汁,咀嚼起来"咔嗞"作响,单从声音就让人无法自制。回国后我念念不忘,便学着做了起来。猪排拍打松软,再在外面裹上一层面粉和面包糠,然后油炸。炸猪排的火候拿捏到位是猪排酥脆的关键。炸好后,淋上一层厚厚的酱汁,一刀下去,酥脆的外壳应声而开,把猪排盖在热腾腾的米饭上一起吃掉,这种大口吃肉的感觉实在过瘾。

食材:(一人份)

猪排　200g

面粉　50g

鸡蛋　1 颗

面包糠　80g

盐　适量

黑胡椒　适量

做法

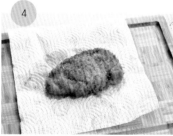

① 猪排划出刀痕,用刀背拍松软,洒少许盐和黑胡椒粉腌制10分钟入味;

② 腌好的猪排先裹面粉,再裹蛋液,最后裹面包糠;

③ 煎锅放足量的油,180℃左右入油锅炸,用中小火慢慢炸至双面金黄;

④ 厨房纸巾吸油后晾凉;

⑤ 切成条状,蘸着猪排汁(其他酱汁也可以)吃,跟米饭是绝配,可以把芝麻磨碎加进猪排酱汁中,多一层香醇,非常棒。

家常印尼炒饭

　　我喜欢旅行，先去景点探究它成为名胜的缘由，再一头扎进市井深处，在寻常小巷里感受当地人的生活点滴。但人生有太多推不掉的责任，对于大部分人来说，旅行只能是偶尔的放纵。在不能出行的日子里，用各种方式探索世界也是一种慰藉。书籍和电影既易得又生动，但对我而言，地方美食更具诱惑。这份诱惑不仅是口腹召唤，更是因为味蕾的特殊性让异域探索更加自我，每一口都勾勒出一副抽象画，让你的想象力充分留白。

　　据说正宗的印尼炒饭口味比较重，会加辣椒、鱼露、红葱等调料，配上酸甜的印尼辣椒酱，混着鸡肉和海鲜一起炒，再加上本地特有的香料，香气扑鼻。虽没去过印尼，但我猜想这份没有鱼露的印尼炒饭定不正宗。但它的特别之处在于酱料，用番茄酱和蚝油混合，酸甜的生鲜口感让它区别于一般炒饭，姑且叫作家常印尼炒饭吧。很多人都想走遍世界，而我更想吃遍天下美食。说出来不切实际，可一辈子那么长，谁又敢保证不会实现呢。

食材：（两人份）

隔夜米饭　两人份

洋葱　1/2 颗

番茄　1/2 个

黄瓜　1 根

鸡蛋　1 颗

调料：

蚝油　20g

番茄酱　20g

 做法

① 食材合影，调味料用蚝油和番茄酱调制好，米饭最好是隔夜的；

② 把黄瓜和番茄切成小丁，洋葱切细丝；

③ 炒锅烧热，中火放少量油，先把洋葱丝炒到轻微变色，焦香；

④ 放米饭翻炒，加入调味酱，翻炒均匀；

⑤ 加黄瓜丁和番茄丁，翻炒至断生，蚝油本身就有咸味，可以不用放盐；

⑥ 平底锅烧热，大火放适量油，煎个单面半熟蛋；

⑦ 煎蛋盖在炒饭上，炒饭拌着蛋液吃，非常满足。

虾仁菠萝炒饭

对于美食我爱偷师，且范围颇广，不论是特色餐厅吃到的，还是美食网站看到的，甚至是别人口里听到的，觉得不错就会在心里默默记下，回家慢慢琢磨着做。某次我得意地和我爸聊起此事，他感叹道："你要是当年读书有这热情多好！"听得我无言以对。

这道虾仁菠萝炒饭是从泰式餐馆偷学来的。菠萝肉质脆嫩、汁多味甜，和米饭一起翻炒果香浓郁，鲜香的虾仁裹了水果的甘甜异常鲜美，那酸酸甜甜的味道令人食欲大增。在吃多了油腻食物而没胃口的日子里，来碗虾仁菠萝炒饭，一股酸甜奔放的热带风情扑面而来。面对美味，我忍不住再次感叹起米饭来，连水果炒饭这种看似黑暗料理的做法都能妥妥地驾驭，真是令人敬佩的包容。

食材：（两人份）		辅料：	调料：
隔夜米饭 两人份	青豆 50g	大蒜 2瓣	生抽 1汤匙
菠萝 1个	洋葱 1/2个	生粉 适量	盐 适量
鸡蛋 1颗	胡萝卜 50g		植物油 适量
鲜虾 100g	培根 2片		料酒 适量

 做法

1 食材合影；

2 把菠萝对半切开，用小刀先沿边缘划出长方形，再在里面打格，2cm见方的格，最后用不锈钢勺子把菠萝肉挖出来；菠萝肉泡盐水备用，培根、洋葱、胡萝卜、蒜切丁，鲜虾剥壳留尾，用料酒、生粉腌5分钟去腥；

3 鸡蛋打散，大火中油煎成蛋饼备用；

4 鲜虾大火爆炒，变色后盛出备用；

5 炒锅烧热，大火放少量油，先将蒜蓉爆香，再放培根、洋葱、胡萝卜炒熟；

6 放米饭入锅，加盐、生抽翻炒；

7 放鸡蛋饼、虾仁、菠萝块，翻炒均匀出锅。菠萝肉如果还有剩余，建议做成鲜榨菠萝汁，酸甜可口，完全不用放糖。

Good morning, breakfast

鲜 虾 粥

物尽其用是我的烹饪信条，例如虾头的合理利用。虾头虽食之无肉，但最适合熬虾油。将洗净的虾头放入冷油，用文火慢慢熬制，待鲜虾的香味溢出，油底熬得透亮泛红就算成了。虾油装罐储存起来，用来煮粥、拌面都增色不少。每次，看着差点魂断垃圾桶的虾头变身美味，这颇为励志的剧情逆转，让我有造物主般满满的成就感。

好吃的虾粥一定要熬虾油，虾头炸到焦酥，和虾油一并倒入粥里煮才够味。这次做的鲜虾粥主料是鲜虾和芹菜。虾子肥嫩鲜美又没有骨刺，甜脆的芹菜浸了鲜虾添了几分甘甜，而颜色红绿相间，看着就让人口水涟涟。如果想吃得更满足，就加些鱿鱼、蟹腿，嚼口鱿鱼，解个蟹腿，惊喜都在碗底，一碗粥吃出生猛海鲜的淋漓畅快。

食材：（两人份）

鲜虾　50g

大米　150g

芹菜　2根

辅料：

生姜　适量

葱花　适量

香菜　适量

调料：

盐　适量

料酒　适量

胡椒粉　适量

植物油　40g

做法

1. 先来料理食材，把芹菜洗净切丁，姜块切丝，葱切葱花，香菜切段；

2. 鲜虾去头去尾刺，沿着背部剪开到虾尾，清理出泥线；

3. 整理好的虾放少量盐、料酒、胡椒粉腌制5分钟；

4. 把炒锅烧热，冷油放入虾头，文火把虾头慢慢炸焦黄，香味溢出油变亮红；

5. 沥出虾油，虾头也不要丢掉，可以放进粥里一起煮；

6. 大米洗干净，放大米4-5倍的清水，入高压锅煮饭，上汽后继续煮2-3分钟；

7. 关火，打开锅盖，倒入虾、虾油、芹菜丁、姜丝，不用盖锅盖继续熬15分钟左右（喜欢软烂的可以继续熬）；

8. 撒葱花、香菜、虾头，再熬两分钟出锅。

挂 面 煎 饼

　　小学的时候我开始接触科幻书，在好奇心旺盛的年纪，关于外星的各种幻想让我兴奋不已。后来才知道，那几本带拼音的儿童读物都是科幻界的开山力作，像《海底两万里》《猿猴星球》给我带来的震撼只有这几年看的《三体》能够比拟。科幻带给人想象力，一个有想象力的吃货，才有可能做出创意美食。

　　在众多创意美食中，我尤其喜欢挂面煎饼。不仅用料普通，做法也极其简单，轻轻松松就做出别样美味，这就像科幻一样令人折服。挂面煎饼做法简单。先将挂面煮个八成熟，再摊成饼，鸡蛋液打散铺满挂面的缝隙，煎至两面焦脆，抹上自己喜欢的酱料，豆瓣酱、甜面酱均可。如果有时间，还可以把青椒和黄瓜切碎拌在里面。煎饼边缘焦香酥脆，中间软糯鲜甜，还有酱料中独有的清爽，让人吃得格外满足。

食材：（两人份）

挂面　两人份
鸡蛋　2颗

调料：

豆瓣酱　适量
植物油　适量

 ## 做法

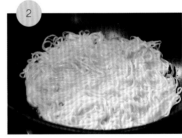
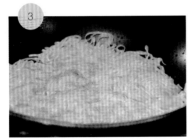

① 清水煮挂面至八成熟，捞出放几滴植物油搅拌均匀备用；

② 平底锅烧热，放适量油，把煮好的挂面平摊在锅底，小火煎两分钟，把鸡蛋液打散均匀倒在挂面饼上，让蛋液均匀覆盖饼的间隙；

③ 平底锅上用小火将两面煎至金黄；

④ 将甜面酱均匀涂在饼的一面；

⑤ 把面饼从中间折合，出锅后切成块状。

韩 式 拉 面

　　因一时冲动，我只身来到千里之外求学，每年在家与学校间奔波，十几个小时的火车旅途成了我的青春洗礼。还好我爱吃，准备好足量的零食，在吃吃喝喝中看窗外昼夜交替，看青润水田变成苍天柏林，肠胃和心灵一样满足。泡面是为旅客而生的，它可以驱赶异乡的迷茫，化解游子的寂寞。去遥远国度也要带上几包，若因吃多了生冷西餐而肠胃不适，一碗温烫的泡面下肚，比肠胃药还有效。

　　泡面是种神奇的食物，虽然饱受质疑，但又令人难以割舍。饥饿的夜晚，寒冷的清晨，反正不知什么时候，想吃碗泡面的念头就忽然冒出来，连汤都想喝个精光。韩式泡面以辣白菜的酸爽口感为特色，但只靠料包还是不够，定要再放些泡菜才算过瘾，如果家里还有其他材料，香肠、鱼丸、蔬菜，煮在一起就成了养眼又饱腹的豪华泡面锅。

做法

食材：（两人份）

韩式泡面　两包

辅料：

泡菜　30g

葱段　10g

玉米粒　20g

鸡蛋　2颗

调料：

泡面料包　两人份

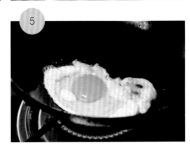

① 烧一大锅水，水沸后加泡面煮散；

② 泡面半熟后加料包，加玉米粒（如果有其他食材也一并加进去）；

③ 加葱段进去一起煮，目的是提鲜，不喜欢葱味的可以不加；

④ 关火捞出泡面，加适量的汤，泡菜简单切成段后摆好；

⑤ 煎个半熟鸡蛋，盖在面条上完成。

特别篇：万圣节南瓜灯

　　我和某胖都爱过节，不管是什么节都要凑个热闹，不求礼物，更喜欢在美食上应景。腊八节熬粥，端午节包粽子，情人节做顿浪漫西餐。那天他问我万圣节怎么过，这让我思索很久。最后，我在超市买到这个袖珍南瓜，雕刻了一个鬼脸南瓜灯，在夜里点了蜡烛煞是好看。又是一个圆满的节日。

1 在小南瓜上面切开一个帽子，
用雕刻刀挖空南瓜瓤；

2 用水笔在南瓜上画出鬼脸，
可以充分发挥想象力；

3 先刻出轮廓，再用力刻透，
整块抠出来；

4 在里面点上蜡烛，完成！

 做法

图书在版编目（CIP）数据

早安，早餐 / 蒋三寻著. -- 太原 ： 山西科学技术
出版社,2016.4（2017.3重印）

ISBN 978-7-5377-5302-9

Ⅰ．①早… Ⅱ．①蒋… Ⅲ．①食谱 Ⅳ.
①TS972.12

中国版本图书馆CIP数据核字(2016)第065643号

早安，早餐

出　版　人：刘一鸣
作　　　者：蒋三寻
策 划 编 辑：张　璇
责 任 编 辑：张东黎
助 理 编 辑：樊玉婷
责 任 发 行：阎文凯
版 式 设 计：张静涵
　　　　　　小　荷
封 面 设 计：小　巷
出 版 发 行：山西出版传媒集团•山西科学技术出版社
　　　　　　地址：太原市建设南路21号　邮编：030012
编辑部电话：0351-4922145
发 行 电 话：0351-4922121
经　　　销：各地新华书店
印　　　刷：北京市玖仁伟业印刷有限公司
网　　　址：www.sxkxjscbs.com
微　　　信：sxkjcbs
开　　　本：787mm×1092mm　　1/16　印张：10.5
字　　　数：210千字
版　　　次：2016年5月第1版　　2017年3月第2次印刷
书　　　号：ISBN 978-7-5377-5302-9
定　　　价：42.00元

本社常年法律顾问：王葆柯
如发现印、装质量问题，影响阅读，请与印刷厂联系调换。